服装高等教育"十二五"部委级规划教材

服装制作工艺
成衣篇
（第3版）

鲍卫君　主　编

徐麟健　张芬芬　贾凤霞　副主编

中国纺织出版社

内 容 提 要

服装制作工艺是将服装设计变为产品的关键。本书内容涉及裙子、男女裤子、男女衬衫、男女西装、马甲、男女大衣、礼服等成衣品种共17款。每节为一款典型产品的制作,内容包括产品概述、面辅料要求、制图参考规格、款式结构图、样板放缝、排料、缝制工艺流程、具体的缝制工艺步骤及要求、缝制工艺质量要求及评分参考标准等;并在每一章的开始附有教学参考学时、教学目的和要求、作业要求等供师生在教学时参考;随书附赠网络教学资源,其中包括裙子、衬衫、裤子的经典款式工艺制作示范,方便读者观看学习。在具体款式的选用上,注重款式的经典性和时尚性;在工艺的选用上,既体现现代服装企业的新颖工艺特色,又适当兼顾缝制工艺的传统性和单件产品制作的局限性,工艺规范、合理。

全书内容由浅入深,图文并茂,实用性强,通俗易懂,既可作为高等院校服装专业和培训机构的教材,也可作为服装爱好者的入门自学用书。

图书在版编目(CIP)数据

服装制作工艺. 成衣篇/鲍卫君主编. --3版. --
北京:中国纺织出版社,2016.11(2024.7重印)
服装高等教育"十二五"部委级规划教材
ISBN 978-7-5180-2972-3

Ⅰ.①服… Ⅱ.①鲍… Ⅲ.①服装工艺—高等学校—
教材②服装缝制—高等学校—教材 Ⅳ.①TS941.6

中国版本图书馆CIP数据核字(2016)第224229号

策划编辑:张思思 张晓芳 责任编辑:张思思
特约编辑:朱 方 责任校对:寇晨晨
责任设计:何 建 责任印制:何 建

中国纺织出版社出版发行
地址:北京市朝阳区百子湾东里A407号楼 邮政编码:100124
销售电话:010—67004422 传真:010—87155801
http://www.c-textilep.com
中国纺织出版社天猫旗舰店
官方微博 http://weibo.com/2119887771
三河市宏盛印务有限公司印刷 各地新华书店经销
2002年1月第1版 2009年12月第2版
2016年11月第3版 2024年7月第26次印刷
开本:787×1092 1/16 印张:17.25
字数:293千字 定价:39.80元

出版者的话

百年大计，教育为本。教育是民族振兴、社会进步的基石，是提高国民素质、促进人的全面发展的根本途径，寄托着亿万家庭对美好生活的期盼。强国必先强教。优先发展教育、提高教育现代化水平，对实现全面建设小康社会奋斗目标、建设富强民主文明和谐的社会主义现代化国家具有决定性意义。教材建设作为教学的重要组成部分，如何适应新形势下我国教学改革要求，与时俱进，编写出高质量的教材，在人才培养中发挥作用，成为院校和出版人共同努力的目标。2012年11月，教育部颁发了教高[2012]21号文件《教育部关于印发第一批"十二五"普通高等教育本科国家级规划教材书目的通知》(以下简称《通知》)，明确指出我国本科教学工作要坚持育人为本，充分发挥教材在提高人才培养质量中的基础性作用。《通知》提出要以国家、省(区、市)、高等学校三级教材建设为基础，全面推进，提升教材整体质量，同时重点建设主干基础课程教材、专业核心课程教材，加强实验实践类教材建设，推进数字化教材建设。要实行教材编写主编负责制，出版发行单位出版社负责制，主编和其他编者所在单位及出版社上级主管部门承担监督检查责任，确保教材质量。要鼓励编写及时反映人才培养模式和教学改革最新趋势的教材，注重教材内容在传授知识的同时，传授获取知识和创造知识的方法。要根据各类普通高等学校需要，注重满足多样化人才培养需求，教材特色鲜明、品种丰富。避免相同品种且特色不突出的教材重复建设。

随着《通知》出台，教育部组织制订了"十二五"职业教育教材建设的若干意见，并于2012年12月21日正式下发了教材规划，确定了1102种"十二五"国家级教材规划选题。我社共有47种教材被纳入国家级教材规划，其中本科教材16种，职业教育47种。16种本科教材包括了纺织工程教材7种、轻化工程教材2种、服装设计与工程教材7种。为在"十二五"期间切实做好教材出版工作，我社主动进行了教材创新型模式的深入策划，力求使教材出版与教学改革和课程建设发展相适应，充分体现教材的适用性、科学性、系统性和新颖性，使教材内容具有以下几个特点：

（1）坚持一个目标——服务人才培养。"十二五"职业教育教材建设，要坚持育人为本，充分发挥教材在提高人才培养质量中的基础性作用，充分体现我国改革开放30多年来经济、政治、文化、社会、科技等方面取得的成就，适应不同类型高等学校需要和不同教学对象需要，编写推介一大批符合教育规律和人才成长规律的具有科学性、先进性、适用性的优秀教材，进一步完善具有中国特色的普通高等教育本科教材体系。

（2）围绕一个核心——提高教材质量。根据教育规律和课程设置特点，从提高学生分析问题、解决问题的能力入手，教材附有课程设置指导，并于章首介绍本章知识点、重点、难点及专业技能，增加相关学科的最新研究理论、研究热点或历史背景，章后附形式多样的习题等，提高教材的可读性，增加学生学习兴趣和自学能力，提升学生科技素养和人文素养。

（3）突出一个环节——内容实践环节。教材出版突出应用性学科的特点，注重理论与生产实践的结合，有针对性地设置教材内容，增加实践、实验内容。

（4）实现一个立体——多元化教材建设。鼓励编写、出版适应不同类型高等学校教学需要的不同风格和特色教材；积极推进高等学校与行业合作编写实践教材；鼓励编写、出版不同载体和不同形式的教材，包括纸质教材和数字化教材，授课型教材和辅助型教材；鼓励开发中外文双语教材、汉语与少数民族语言双语教材；探索与国外或境外合作编写或改编优秀教材。

教材出版是教育发展中的重要组成部分，为出版高质量的教材，出版社严格甄选作者，组织专家评审，并对出版全过程进行过程跟踪，及时了解教材编写进度、编写质量，力求做到作者权威，编辑专业，审读严格，精心出版。我们愿与院校一起，共同探讨、完善教材出版，不断推出精品教材，以适应我国职业教育的发展要求。

中国纺织出版社

教材出版中心

第3版前言

　　《服装制作工艺　成衣篇》自2002年第1版、2009年第2版出版发行以来，作为高等院校服装制作工艺系列课程的教材，受到师生们的广泛好评。由于数字化教学的快速发展和服装工艺的不断更新，以及服装款式时尚性的要求，本次修订对服装的款式和工艺作了三分之二的更新；同时在每一节增加教学参考学时、教学目的和要求、重点难点提示、作业要求等，供师生在教学时参考；随书赠送的网络教学资源中包括了三个经典款式——裙子、衬衫和裤子的工艺制作，方便读者观看学习。

　　服装工艺制作是服装专业学生的专业课程，是服装款式设计和结构设计的最终体现，也是高等院校服装专业实践性教学环节的重要组成部分。

　　本书专为服装专业的学生编写，内容涵盖大学本科、高职院校服装专业在服装制作工艺教学中所涉及的范围，可作为女装工艺、男装工艺、礼服制作等课程的教材，在实际使用中各院校可根据自身的教学特色和教学计划进行选用。本书在实例讲解中，详细阐述了服装的制图，样板的放缝、排料以及工艺制作全过程，并配以大量的图片，力图使学生在有限的教学课时中，经过系统的学习，全面掌握服装成衣制作的基本方法和要领，掌握服装缝制工艺流程和服装缝制工艺质量标准，达到触类旁通、举一反三的效果。

　　本书由浙江理工大学服装学院鲍卫君副教授策划主编，并负责全书的统稿和修改。浙江理工大学服装学院徐麟健老师、张芬芬老师、贾凤霞老师任副主编。具体参编人员如下：

　　第一章由鲍卫君、徐麟健、张芬芬编写；

　　第二章由鲍卫君、徐麟健、贾凤霞编写；

　　第三章由鲍卫君、徐麟健、贾凤霞编写；

　　第四章由鲍卫君、徐麟健编写；

　　第五章由鲍卫君、贾凤霞编写；

　　第六章由张芬芬、徐麟健编写。

　　书中的款式图由浙江理工大学张芬芬老师和杭州服装职业高级中学孔庆老师绘制，浙江理工大学服装学院胡海明、尹艳梅、吴巧英等老师参加服装缝制工艺制作的辅助工作，浙江理工大学贾凤霞、胡海明、支阿玲等老师及浙江同济科技职业学院吕凉老师参与服装工艺图的绘制工作，网络教学资源视频录音由浙江理工大学服装设计与工程专业毕业生黄晓彬同学完成。

由于编写时间仓促及条件的制约，书中难免会有疏漏之处，欢迎同业专家和广大读者批评指正。

编　者

2015年12月

第2版前言

　　服装制作工艺是服装款式设计和结构设计的最终体现。服装工艺制作课程是高等院校服装专业实践性教学环节的重要组成部分。

　　本书专为服装专业的学生编写，内容涵盖大学服装专业、高职院校服装专业在服装制作工艺教学中所涉及的范围，可作为女装工艺、男装工艺、礼服制作等课程的教材，在实际使用中各院校可根据自身的教学特色和教学计划进行选用，同时随书赠送教学光盘。

　　本书在选用的实例中，详细阐述了服装的制图、样板的放缝、样板的排料、工艺制作全过程，并配以大量的图片，力图使学生在有限的教学课时中，经过系统学习，全面掌握服装成衣制作的基本方法和要领，掌握服装缝制工艺流程和服装缝制工艺质量标准，达到触类旁通、举一反三的效果。

　　本书由浙江理工大学服装学院鲍卫君副教授主编，负责全书的统稿和修改。浙江理工大学服装学院徐麟健老师、张芬芬老师任副主编。参编人员如下：第一章、第二章由浙江理工大学鲍卫君、张芬芬、徐麟健编写；第三章由浙江理工大学鲍卫君、徐麟健编写；第四章由浙江理工大学鲍卫君、徐麟健和浙江纺织服装职业技术学院叶菀茵编写；第五章由浙江理工大学张芬芬、陈荣富、尹艳梅、董丽编写；第六章由浙江理工大学张芬芬、贾凤霞、潘小丹和浙江科技学院黄志青编写。

　　本书的图片处理由浙江理工大学潘小丹、董丽、尹艳梅、贾凤霞、支阿玲等老师完成。

　　本书的教学光盘由浙江理工大学服装设计与工程专业的黄晓彬同学录音，在此表示衷心感谢。

　　由于编写时间仓促、水平有限，书中难免会有不足之处，欢迎同行专家和广大读者批评指正。

编　者

2009年8月

教学内容及课时安排

章/课时	课时性质/课时	节	课程内容
第一章 （40课时）	实践与训练 （380课时）		• 裙子制作工艺
		一	低腰A字裙制作工艺
		二	西装裙制作工艺
		三	直腰型A字裙制作工艺
第二章 （76课时）			• 裤子制作工艺
		一	女西裤制作工艺
		二	男西裤制作工艺
		三	男式牛仔裤制作工艺
		四	女式低腰牛仔裤制作工艺
第三章 （52课时）			• 衬衫制作工艺
		一	女衬衫制作工艺
		二	短袖休闲男衬衫制作工艺
		三	长袖经典男衬衫制作工艺
第四章 （112课时）			• 西装及马甲制作工艺
		一	女西装制作工艺
		二	男西装制作工艺
		三	男马甲制作工艺
第五章 （64课时）			• 大衣制作工艺
		一	女大衣制作工艺
		二	男大衣制作工艺
第六章 （36课时）			• 礼服制作工艺
		一	紧身胸衣制作工艺
		二	半装袖旗袍制作工艺

注 各院校可根据自身的教学特色和教学计划对课时进行调整。

目录

裙子制作工艺

> **课程名称：** 裙子制作工艺
>
> **课程内容：** 低腰Ａ字裙制作工艺
>
> 西装裙制作工艺
>
> 直腰型Ａ字裙制作工艺
>
> **上课时数：** 40课时
>
> **教学目的：** 使学生理论联系实际，帮助其提高动手实践能力，验证样板与工艺之间的配伍关系，为后续相关课程的学习打下基础。
>
> **教学方法：** 结合视频，采用理论教学与实际操作演示相结合的教学方法。要求学生有足够的课外时间进行操作训练，建议课内外课时比例达到1:1以上。
>
> **教学要求：** 使学生了解低腰Ａ字裙、西装裙、直腰型Ａ字裙的面辅料选购要点，掌握各裙款样板放缝要点、排料方法、缝制工艺流程及具体的缝制方法与技巧、熨烫方法、缝制工艺质量要求等内容，并能做到触类旁通。

第一章　裙子制作工艺

第一节　低腰A字裙制作工艺

一、概述

1. 款式分析

该款裙子整体呈现低腰A字轮廓，长度在膝盖以上，右侧绱隐形拉链，无里布设计，适合初学者学习。款式如图1-1-1所示。

2. 面料选择

该裙可选用中厚型素色或花色棉布、牛仔布、灯芯绒等面料。

3. 面、辅料参考用量

（1）面料：幅宽120cm，用量约60cm。用料估算公式为裙长+20cm左右（或幅宽140cm、144cm，用量约55cm。用料估算公式为裙长+10cm左右）。

（2）辅料：无纺黏合衬适量，隐形拉链1条。

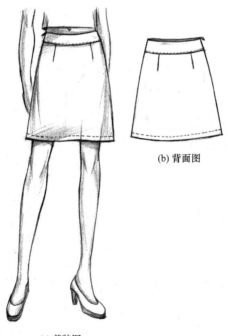

(b) 背面图

(a) 着装图

图1-1-1　低腰A字裙款式图

二、制图参考规格（不含缩率）

单位：cm

号/型	腰围（W） （放松量为2cm）	臀围（H） （放松量为4cm）	裙长	腰头宽
155/62A	62+2=64	84+4=88		
155/64A	64+2=66	86+4=90	42	4.5
155/66A	66+2=68	88+4=92		
160/66A	66+2=68	88+4=92		
160/68A	68+2=70	90+4=94	43	4.5
160/70A	70+2=72	92+4=96		
165/70A	70+2=72	92+4=96		
165/72A	72+2=74	94+4=98	44	4.5
165/74A	74+2=76	96+4=100		

注 下装的型指净腰围，腰围制图尺寸可根据需要选择：净腰围+（0~2）cm。

三、结构图

低腰A字裙的结构图如图1-1-2所示。

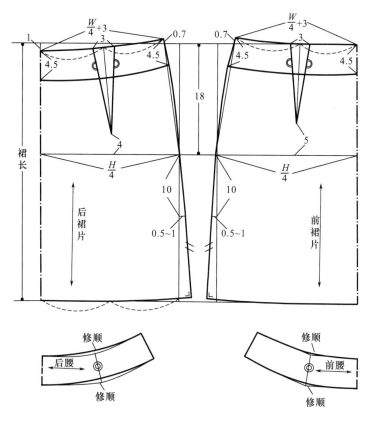

图1-1-2 低腰A字裙结构图

四、放缝、排料图

1. 放缝图

低腰A字裙的放缝图如图1-1-3所示。

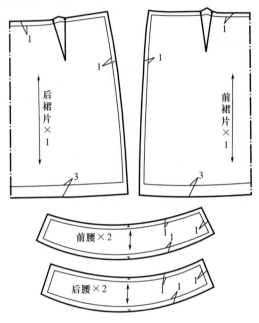

图1-1-3　低腰A字裙放缝图

2. 排料图

（1）120cm幅宽排料图（图1-1-4）。

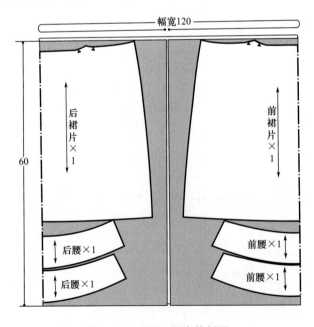

图1-1-4　120cm幅宽排料图

（2）144cm幅宽排料图（图1-1-5）。

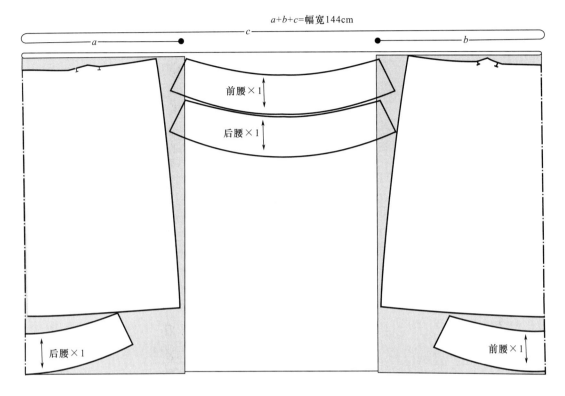

图1-1-5　144cm幅宽排料图

五、缝制工艺流程及缝制前准备

1. 缝制工艺流程

车缝腰省、熨烫腰省→裙片与腰头面缝合→缝合裙片侧缝、折烫裙底边贴边→绱隐形拉链→缝合腰头里侧缝并扣烫缝份→腰头面、腰头里、拉链一同缝合→缝合腰口线并修剪、扣烫缝份→车漏落缝固定腰头里→车明线固定腰头里→检查对位情况→裙底边处理→整烫

2. 缝制前准备

（1）针号和针距密度：14号针，14～15针/3cm。

（2）三线包缝部位（图1-1-6）：前、后裙片的侧缝和裙底边。

（3）粘衬部位（图1-1-6）：右侧缝拉链开口处和前、后腰头面。

六、具体缝制工艺步骤及要求

1. 车缝腰省、熨烫腰省

（1）画腰省：在前、后裙片的反面按省位用划粉画出省道［图1-1-7（a）］。

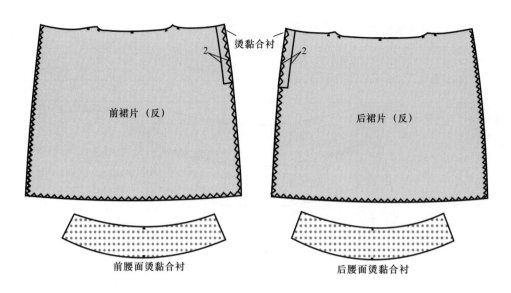

图1-1-6 三线包缝和粘衬部位示意图

（2）车缝腰省：从省口回针开始缝至省尖，留10cm左右缝线剪断后打结加固［图1-1-7（b）］。

（3）熨烫腰省：将裙片反面向上，放在布馒头上将省道向裙中间烫倒［图1-1-7（c）］。

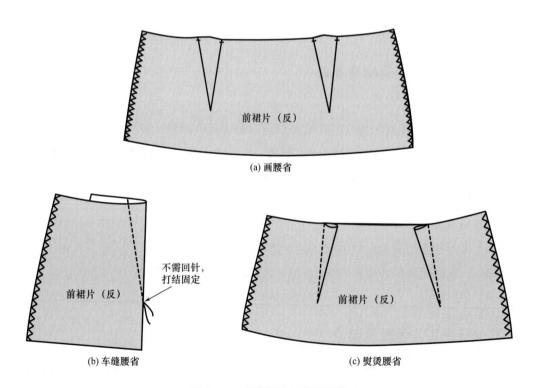

图1-1-7 车缝腰省、熨烫腰省

2. 裙片与腰头面缝合

分别将前、后裙片与前、后腰头面正面相对后缝合，缝份倒向腰头面（图1-1-8）。

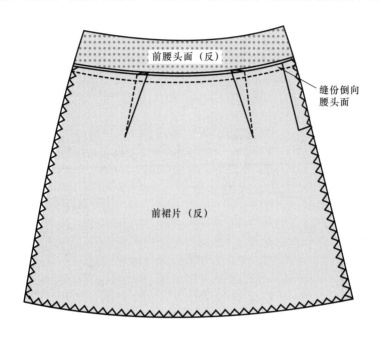

图1-1-8　裙片与腰头面缝合

3. 缝合裙片侧缝、折烫裙底边贴边

（1）缝合裙片侧缝，右侧缝的拉链开口部分不缝合，然后将缝份分缝烫开［图1-1-9（a）］。

（2）将裙底边贴边向上折3cm烫平［图1-1-9（b）］。

4. 绱隐形拉链

（1）确定隐形拉链的长度：拉链的长度要比开口长出2.5～3cm，以便拉链绱好后能将拉链头拉到正面［图1-1-10（a）］。

（2）手缝固定拉链布带：将裙片反面向上，正面的拉链牙与侧缝线对准，拉链尾部的拉链头留出2.5cm左右与裙片开口对齐，把拉链头拉到拉链尾部后，再将缝份与拉链布带手缝固定。注意检查前、后裙片对位记号是否对准，左、右裙片是否平服［图1-1-10（b）］。

（3）车缝固定隐形拉链：将拉链头拉到拉链尾部，换用隐形拉链压脚，车缝固定拉链。车缝时要用手掰开拉链牙，不要将拉链牙缝住［图1-1-10（c）］。

（4）拉出拉链头：左、右裙片的拉链缝住后，将拉链头从尾部拉出；并将拉链头向上拉，使拉链闭合［图1-1-10（d）］。

（5）固定拉链布带与裙片，拉链下端布带用三角针手缝固定［图1-1-10（e）］。

（6）检查拉链是否密合：要求完成后拉链密合，裙片平服且腰口对齐［图1-1-10（f）］。

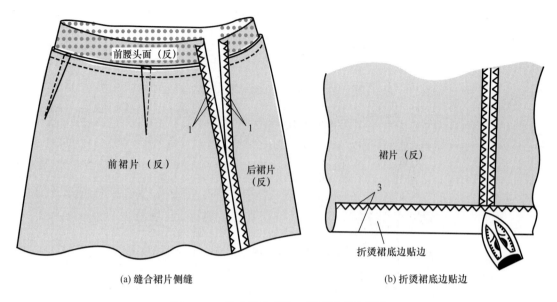

(a) 缝合裙片侧缝　　　　　　(b) 折烫裙底边贴边

图1-1-9　缝合裙片侧缝、折烫裙底边贴边

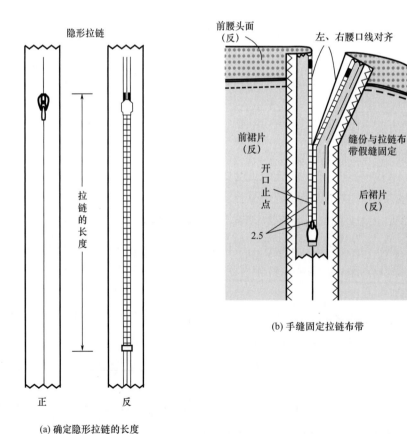

(a) 确定隐形拉链的长度

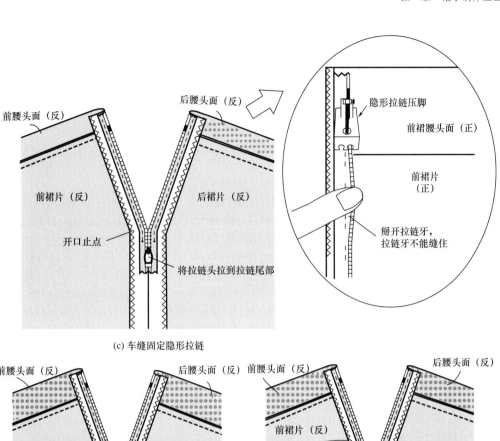

前腰头面（反）

后腰头面（反）

隐形拉链压脚

前裙腰头面（正）

前裙片（反）

后裙片（反）

前裙片（正）

开口止点

将拉链头拉到拉链尾部

掰开拉链牙，拉链牙不能缝住

(c) 车缝固定隐形拉链

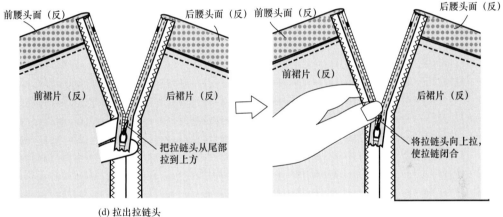

前腰头面（反）

后腰头面（反）

前腰头面（反）

后腰头面（反）

前裙片（反）

后裙片（反）

前裙片（反）

后裙片（反）

把拉链头从尾部拉到上方

将拉链头向上拉，使拉链闭合

(d) 拉出拉链头

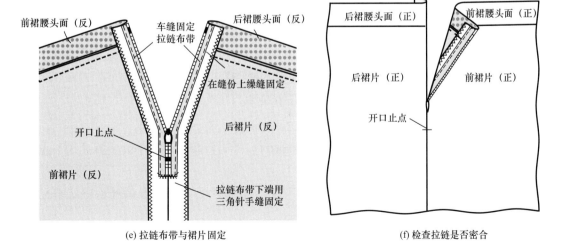

前裙腰头面（反）

车缝固定拉链布带

后裙腰头面（反）

后裙腰头面（正）

前裙腰头面（反）

在缝份上缲缝固定

开口止点

后裙片（反）

后裙片（正）

前裙片（正）

前裙片（反）

开口止点

拉链布带下端用三角针手缝固定

(e) 拉链布带与裙片固定

(f) 检查拉链是否密合

图1-1-10　绱隐形拉链

5. 缝合腰头里侧缝并扣烫缝份

（1）缝合左腰头里的侧缝［图1-1-11（a）］。

（2）将缝份分缝烫平［图1-1-11（b）］。

（3）按净样板扣烫腰头里下口缝份［图1-1-11（c）］。

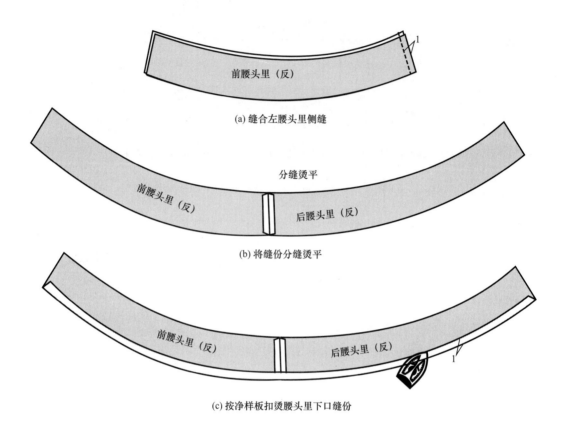

(a) 缝合左腰头里侧缝

(b) 将缝份分缝烫平

(c) 按净样板扣烫腰头里下口缝份

图1-1-11　缝合腰头里侧缝并扣烫缝份

6. 腰头面、腰头里、拉链一同缝合

（1）腰头面、腰头里、拉链一同缝合：将腰头面和腰头里正面相对，在开口的两端分别把腰头里拉出1.2～1.5cm，再在腰头面按0.5cm车缝［图1-1-12（a）］。

（2）修剪腰头里缝份：将腰头里的缝份修剪成与腰头面平齐［图1-1-12（b）］。

7. 缝合腰口线并修剪、扣烫缝份

（1）车缝腰口线：腰头里向上，在拉链开口处折转缝份，按1cm车缝［图1-1-13（a）］。

（2）修剪缝份：先斜向修剪腰头两端开口的角部，再将腰口线的缝份修剪至0.5cm［图1-1-13（b）］。

（3）扣烫腰口线：腰头面向上，折转腰口线缝份（腰口缝合线迹刚好露出），用熨斗进行扣烫［图1-1-13（c）］。

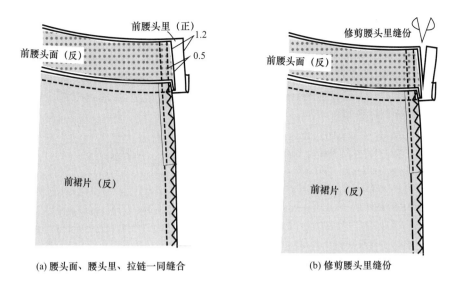

(a) 腰头面、腰头里、拉链一同缝合　　　(b) 修剪腰头里缝份

图1-1-12　腰头面、腰头里、拉链一同缝合

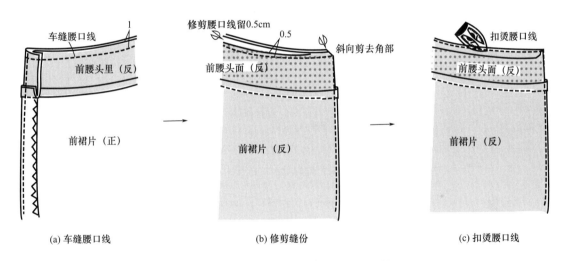

(a) 车缝腰口线　　　(b) 修剪缝份　　　(c) 扣烫腰口线

图1-1-13　缝合腰口线并修剪、扣烫缝份

8. 车漏落缝固定腰头里

先整理腰头里的下口线并放平整，然后在裙子正面的绱腰线上车漏落缝固定腰头里，注意检查腰头里下口是否车缝住（图1-1-14）。

9. 车明线固定腰头里

在腰线的内止口缉线（腰口正面没明线），也可在腰头面的绱腰线上方缉0.1cm明线（图1-1-15）。

10. 检查对位情况

腰口线、绱腰线的前、后需平齐（图1-1-16）。

11. 裙底边处理

采用三角针缲缝的方法，手针固定裙子底边的折边（图1-1-17）。

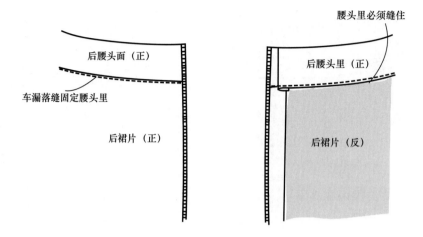

图1-1-14 车漏落缝固定腰头里

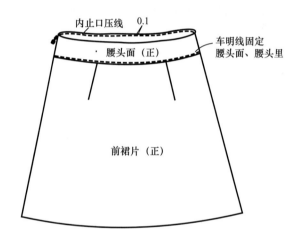

图1-1-15 车明线固定腰头里

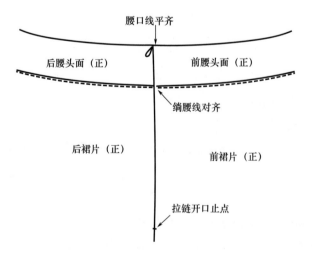

图1-1-16 检查对位情况

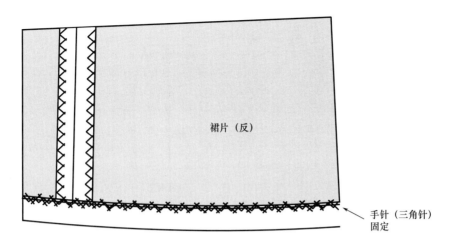

图1-1-17 裙底边处理

12. **整烫**

将裙子的侧缝、腰口线及裙底边熨烫平整。

七、缝制工艺质量要求及评分参考标准（总分100分）

（1）前、后省道位置准确，省长左右一致，倒向对称，省尖处平顺（10分）。

（2）隐形拉链绱好后应密合，无褶皱，腰口处左右齐平（25分）。

（3）侧缝顺直，左、右侧缝长短一致（10分）。

（4）腰头宽窄一致，腰头绱好后应平服，不起绺（25分）。

（5）裙底边折边宽窄一致（10分）。

（6）缉线顺直，无跳线、断线现象，符合尺寸（10分）。

（7）各部位熨烫平整（10分）。

第二节 西装裙制作工艺

一、概述

1. **款式分析**

该款裙子外形为合体直身、下摆略收，绱直型腰头。前、后各收4个省，后中缝上部开口并绱隐形拉链，后中缝下部开衩，右腰头门襟处锁扣眼1个，里襟处钉纽扣1粒，款式如图1-2-1所示。

2. **面料选择**

该裙在面料的选择上，可使用一般毛料或薄呢类、混纺类织物，颜色深浅均可。里料一般选用同色涤丝纺、尼丝纺等织物。

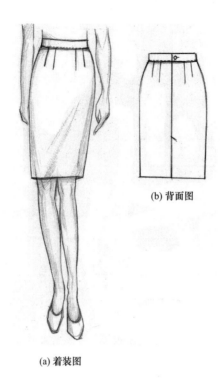

(b) 背面图

(a) 着装图

图1-2-1 西装裙款式图

3. 面、辅料参考用量

（1）面料：幅宽144cm，用量约75cm。用料估算公式为腰围+（6~8）cm。

（2）里料：幅宽144cm，用量约65cm。

（3）辅料：无纺黏合衬适量，隐形拉链1条，纽扣1粒。

二、制图参考规格（不含缩率）

单位：cm

号/型	腰围（W）（放松量为2cm）	臀围（H）（放松量为4cm）	裙长	后衩（高/宽）	腰头宽
155/62A	62+2=64	84+4=88			
155/64A	64+2=66	86+4=90	60.5	19.5/4	3
155/66A	66+2=68	88+4=92			
160/66A	66+2=68	88+4=92			
160/68A	68+2=70	90+4=94	62	20/4	3
160/70A	70+2=72	92+4=96			
165/70A	70+2=72	92+4=96			
165/72A	72+2=74	94+4=98	63.5	20.5/4	3
165/74A	74+2=76	96+4=100			

注 下装的型指净腰围，腰围制图尺寸可根据需要选择：净腰围+（0~2）cm。

三、结构图

西装裙结构图如图1-2-2（a）所示，右后裙片里料处理图如图1-2-2（b）所示。

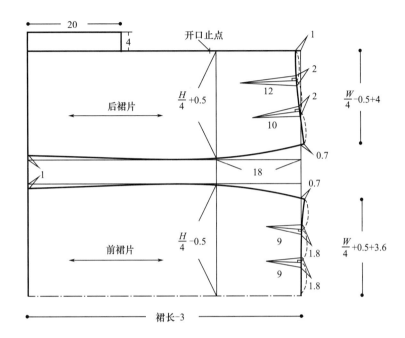

(a) 西装裙结构图

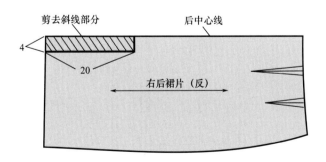

(b) 右后裙片里料处理图

图1-2-2　西装裙结构图和右后裙片里料图

四、放缝、排料图

1. 面料放缝、排料图

面料放缝、排料图如图1-2-3所示。

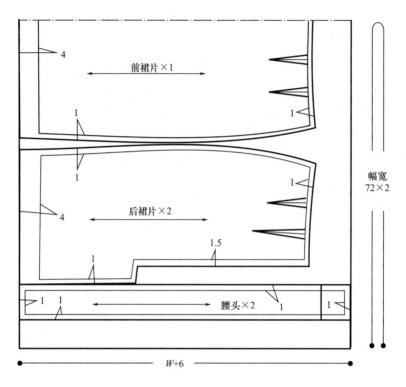

图1-2-3 面料放缝、排料图

2. 里料放缝、排料图

里料放缝、排料图如图1-2-4所示。

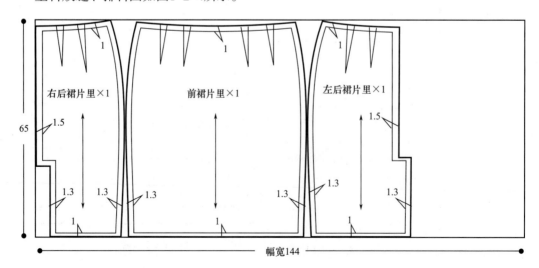

图1-2-4 里料放缝、排料图

五、缝制工艺流程及缝制前准备

1. 缝制工艺流程

做标记→烫黏合衬→面料三线包缝→面、里料收省及烫省→缝合面料后中缝并分烫→面料绱拉链并固定→缝合里料后中缝并烫缝→里料绱拉链→缝合面料侧缝并分烫→缝合里料侧缝并三线包缝→折里料底边→缝合里料开衩→制作腰头、绱腰头→缲底边、拉线襻→锁眼、钉扣→整烫

2. 缝制前准备

（1）在缝制前须选用与面料和里料相适应的针号和线，调整缝纫机底、面线的松紧度及线迹、针距密度。面料针号：80/12号、90/14号；里料针号：70/10号、75/11号。

（2）用线与针距密度：底、面线均用配色涤纶线，针距密度为14～16针/3cm。

六、具体缝制工艺步骤及要求

1. 做标记

按样板分别在面料、里料的前、后裙片的省位、开衩位等处做剪口标记。要求剪口深度不超过0.3cm。

2. 烫黏合衬

用熨斗在腰头、后开衩贴边处烫无纺黏合衬。腰头烫黏合衬时，须根据面料厚薄选择全粘衬或半粘衬。注意根据面料性能，调配合适的温度、时间和压力，以保证黏合均匀、牢固（图1-2-5）。

3. 面料三线包缝

面料裙片除腰口线外，其余裁片边缘均用三线包缝机包缝。

4. 面、里料收省及烫省

（1）面料收省：在裙片反面依省中线对折车缝省道。腰口处倒回针，省尖处留线头打结。要求省大、省长符合规格，省缝应绱得直而尖［图1-2-6（a）］。

（2）面料烫省：将面料的前、后省缝分别向前、后中倒。要求省尖胖势要烫散、烫平服［图1-2-6（b）］。

（3）里料收省及烫省：里料收省的方法与面料相同。里料省道熨烫时要将前、后省缝分别向两侧缝烫倒。

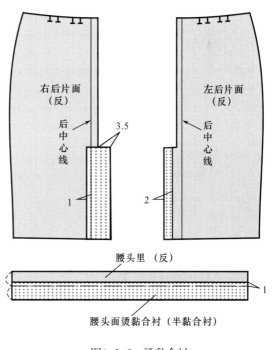

图1-2-5　烫黏合衬

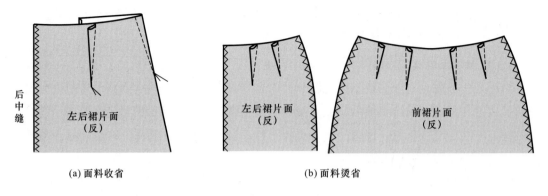

(a) 面料收省   (b) 面料烫省

图1-2-6　面、里料收省及烫省

5. 缝合面料后中缝并分烫

（1）缝合面料后中缝：两后裙片正面相对，按1.5cm缝份从开口止点起针，经开衩点缝至距开衩折边1cm处［图1-2-7（a）］。然后在左后裙片的开衩点缝份处打一斜剪口。要求缝线顺直，剪口不能剪断缝线。

（2）分烫缝份：将缝合后的后中缝分缝烫平，并按净线向上烫平缝份延伸至腰口线，向下延伸至裙底边折边［图1-2-7（b）］。

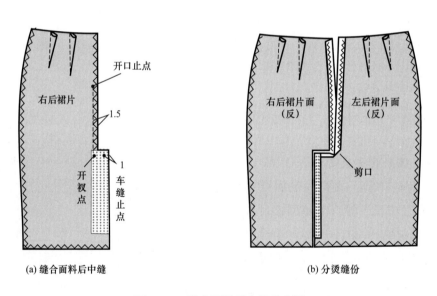

(a) 缝合面料后中缝   (b) 分烫缝份

图1-2-7　缝合面料后中缝并分烫

6. 面料绱拉链并固定

（1）面料绱拉链：先换上隐形拉链压脚或单边压脚，拉链在上，裙片在下，两者正面相对，按缝份和拉链布带车缝固定裙片和拉链。要求拉链不外露，裙片平服，门、里襟高低不错位［图1-2-8（a）］。

（2）固定缝份：将拉链布两边分别与裙片缝份相距0.5cm车缝固定［图1-2-8（b）］。

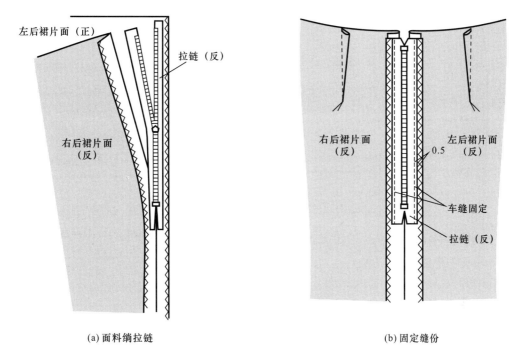

(a) 面料绱拉链　　　　　　　　　　　　　(b) 固定缝份

图1-2-8　面料绱拉链并固定

7. 缝合里料后中缝并烫缝

（1）固定里料省道：先按省道剪口位置将省道向侧缝烫倒，然后距边0.5cm车缝固定省道［图1-2-9（a）］。

（2）缝合里料后中缝：两后裙片里正面相对，按1.3cm缝份从开口止点下1cm处起针，缝至开衩点，然后在开衩点缝份处打一斜剪口。要求缝线顺直，剪口不能剪断缝线［图1-2-9（a）］。

（3）烫缝：将缝合后的里料后中缝以1.5cm缝份向左后裙片方向扣烫平服，开口部分按净线向上延伸烫至腰口线［图1-2-9（b）］。

8. 里料绱拉链

里料正面与拉链反面相对，按缝份车缝固定里料、拉链、面料（图1-2-10）。要求里料平服。

9. 缝合面料侧缝并分烫

（1）面料后裙片在下，前裙片在上，正面相对缝合两侧缝。

（2）将缝合后的两侧缝分缝烫平。

10. 缝合里料侧缝并三线包缝

（1）缝合里料侧缝：后裙片里料在下，前裙片里料在上，正面相对按1cm缝份缝合两侧缝。

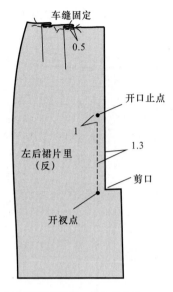

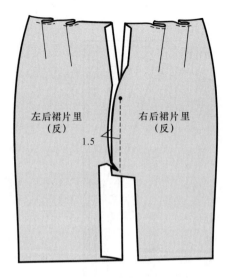

(a) 固定裙里腰省、缝合后中缝

(b) 熨烫缝份

图1-2-9　固定裙里省道、缝合里布后中缝并烫缝

（2）三线包缝里料侧缝：后裙片里料在下、前裙片里料在上包缝。

（3）烫缝：按1.3cm缝份向后扣烫两侧缝。

11. 折里料底边

将裙里料反面在上，底边按第一次折0.8cm，第二次折1.5cm，沿边缉0.1cm，正面见线1.4cm。要求开衩处门、里襟长短一致，线迹松紧适宜，底边不起皱（图1-2-11）。

12. 缝合里料开衩

（1）缝合左里料开衩：里料在上，面料在下，正面相对，1cm缝份车缝固定面、里料至裙底边折边［图1-2-12（a）］。

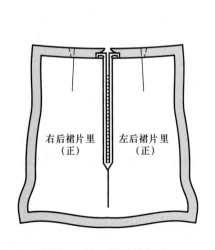

图1-2-10　里料绱拉链

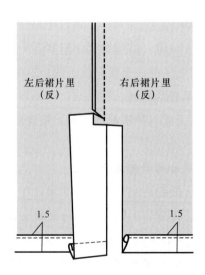

图1-2-11　折里料底边

（2）缝合右里料开衩：里料在上，面料在下，正面相对，1cm缝份车缝固定面、里料门襟及开衩宽度。修剪右门襟折边多余的部分［图1-2-12（b）］。

（3）缝合右门襟开衩处的裙底边折边：要求左、右开衩长短一致［图1-2-12（c）］。

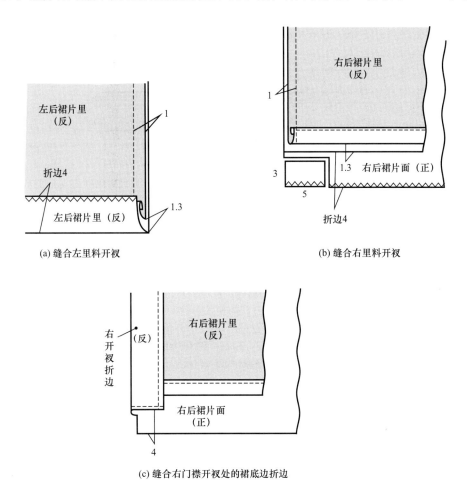

(a) 缝合左里料开衩

(b) 缝合右里料开衩

(c) 缝合右门襟开衩处的裙底边折边

图1-2-12 缝合里料开衩

13. 制作腰头、绱腰头

（1）制作腰头：按样板在已粘衬的腰头上，分别在门襟、右侧缝、前中、左侧缝、里襟处做标记。要求剪口深度不超过0.3cm。然后根据腰头宽扣烫腰头面净样3cm，腰头里净样3.1cm。按腰围规格车缝门襟、里襟两端，同时将里襟宽3cm车缝做净。要求腰头宽窄一致［图1-2-13（a）］。将腰头翻到正面，扣烫门襟、里襟两端，修剪腰头面缝份1cm［图1-2-13（b）］。

（2）绱腰头：将腰头面与裙面正面相对，用0.8cm缝份车缝固定。要求面、里省缝的倒向正确［图1-2-13（c）］。漏落缝固定腰头里，腰头面在上，从门襟一端起针，沿腰头面下口车漏落缝于裙身至里襟一端，同时绱住背面腰头里0.1cm。要求门、里襟长短一致，腰头里绱线不超过0.3cm［图1-2-13（d）］。

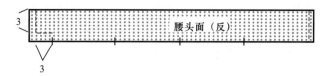

(a) 做标记、车缝腰头两端

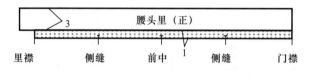

(b) 翻、烫腰头

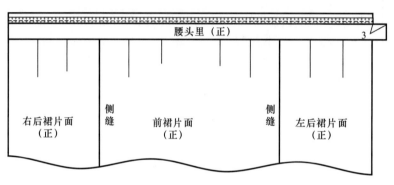

(c) 缝合固定腰头面

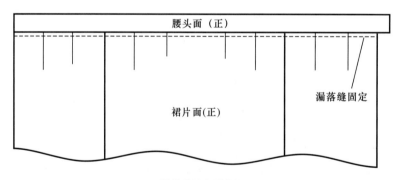

(d) 漏落缝固定腰头里

图1-2-13　制作腰头、绱腰头

14. 缲底边、拉线襻

（1）烫、缲面料裙底边：按规格扣烫好面料裙底边折边，并用手缝擦针暂时固定折边，然后采用三角针法沿包缝线将裙底边折边与裙身缲牢。要求：线迹松紧适宜，裙底边正面不露针迹。

（2）拉线襻：在裙子两侧缝的底边折边处，将裙面料与裙里料用线襻连接。线襻长约3cm［图1-2-14（a）］。

（3）手缝固定：在右开衩一侧的裙底边折边处用手缝锁边针迹加以固定［图1-2-14（b）］。

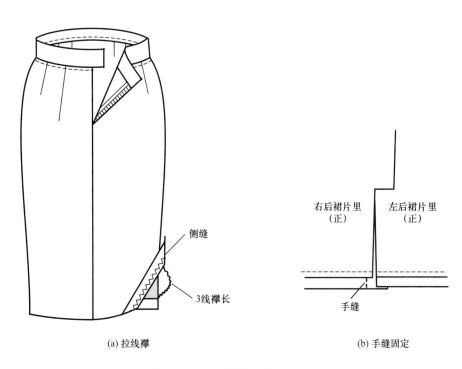

（a）拉线襻

（b）手缝固定

图1-2-14　拉线襻、手缝固定

15. 锁眼、钉扣

在门襟腰头宽居中且距边端1.5cm处，锁眼1个，眼大1.7cm。在里襟一端正面相应位置钉纽扣1粒，纽扣直径1.5cm（图1-2-15）。

16. 整烫

整烫前应将裙子上的线头、粉印、污渍清除干净。

（1）熨烫裙子内部：先将裙子铺在铁凳上，掀开里布，用蒸汽熨斗把裙子面的裙身、两侧缝分别烫平，然后熨烫整条裙子里。

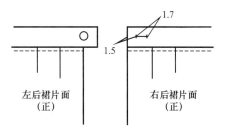

图1-2-15　锁眼、钉扣

（2）熨烫裙子上部：将裙子翻到正面，先烫门、里襟拉链、省道，再烫裙身。熨烫时应注意各部位丝缕是否顺直，如有不顺可用手轻轻抚顺，使各部位平挺圆顺。

（3）熨烫裙底边、开衩：先沿裙底边一周熨烫，然后摆平开衩，熨烫平齐。烫完后应用裙架吊起晾干。

七、缝制工艺质量要求及评分参考标准（总分100分）

（1）规格尺寸符合要求（10分）。

（2）各部位缝制线路整齐、牢固、平服，针距密度一致（10分）。

（3）上、下线松紧适宜，无跳线、断线，起落针处应回针（10分）。

（4）包缝牢固、平整、宽窄适宜（10分）。

（5）面料、里料的前、后片裙身、省缝左右对称（10分）。

（6）腰头面、里平服，松紧适宜，宽窄一致，缉线顺直（15分）。

（7）拉链松紧适宜，拉链牙不外露；开衩平服，长短一致（15分）。

（8）锁眼位置准确，纽扣与眼位相对，大小适宜，整齐牢固（10分）。

（9）成衣整洁，各部位整烫平服，无水迹、烫黄、烫焦、极光等现象（10分）。

第三节 直腰型A字裙制作工艺

一、概述

1. 款式分析

该款为正常腰节、轮廓呈A字型的短裙，直腰、后中绱隐形拉链，裙长及膝，是A字裙的基本款，款式如图1-3-1所示。

2. 面料选择

该裙可选用棉平布、灯芯绒、斜纹布、牛仔布等面料。

3. 面、辅料参考用量

（1）面料：幅宽114cm，用量约70cm。用料估算公式为腰围尺寸+6cm。

（2）辅料：黏合衬10cm，隐形拉链1条，纽扣子1粒。

(b) 背面图

(a) 着装图

图1-3-1 直腰型A字裙款式图

二、制图参考规格（不含缩率）

单位：cm

号/型	腰围（W）	臀围（H）（放松量为4cm）	裙长	腰头宽	拉链开口长	腰头里襟宽
155/62A	62	84+4=88				
155/64A	64	86+4=90	54	3	18	2
155/66A	66	88+4=92				
160/66A	66	88+4=92				
160/68A	68	90+4=94	55	3	18	2
160/70A	70	92+4=96				
165/70A	70	92+4=96				
165/72A	72	94+4=98	56	3	18	2
165/74A	74	96+4=100				

注　下装的型指净腰围，腰围制图尺寸可根据需要选择：净腰围+（0～2）cm。

三、结构图

直腰型A字裙的结构图如图1-3-2所示。

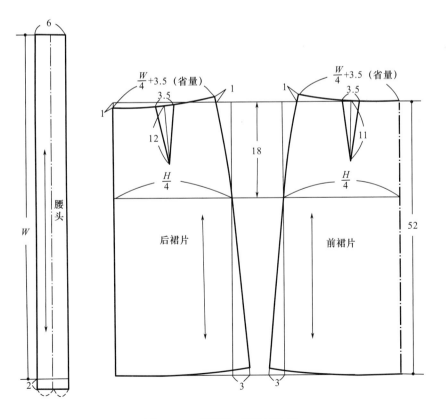

图1-3-2　直腰型A字裙结构图

四、放缝、排料图

直腰型A字裙的放缝、排料图如图1-3-3所示。

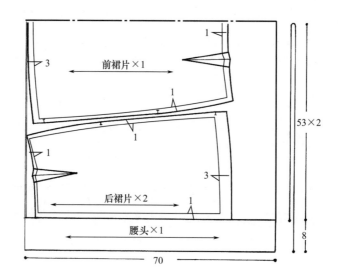

图1-3-3 放缝、排料图

五、缝制工艺流程、缝制前准备

1. 缝制工艺流程

准备工作→缝制前、后省道→缝合后中缝→绱隐形拉链→缝合侧缝→绱腰头→缝制裙底边→锁眼钉扣→整烫

2. 缝制前准备

三线包缝部位：前裙片侧缝及底边、后裙片侧缝及底边、后中缝（图1-3-4）。

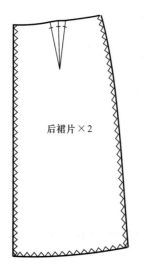
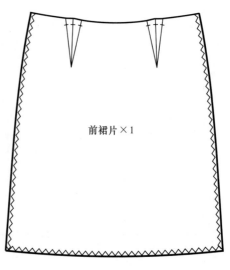

图1-3-4 三线包缝部位

六、具体缝制工艺步骤及要求

1. 缝制前、后省道

（1）划省位：按样板在前后裙片的反面划出省道的位置［图1-3-5（a）］。

（2）车缝省道：按省中线对折，从腰口处按剪口位置起针车缝省道，车缝至省尖最后一根纱线，注意不要回针，手工打结后留1cm线头。要求省长左右一致，省尖要尖［图1-3-5（b）］。

（3）烫省：在布馒头或烫凳上熨烫省道，前后省道分别向前中、后中方向烫倒［图1-3-5（c）］。

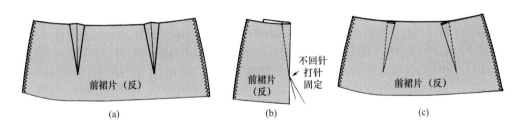

图1-3-5 缝制前、后省道

2. 缝合后中缝

从裙底边起缝合后中缝，车缝1cm到拉链开口，将缝份分缝烫平。

3. 缝隐形拉链

（1）假缝固定：分别将拉链两侧与左右裙片正面相对，对齐裙片净线与拉链齿边，距边0.5cm绗缝固定。注意在开口止点位置拉链长度要长出2~3cm；左右腰口需对齐［图1-3-6（a）］。

（2）车缝固定：换用单边压脚，将拉链拉开，裙片正面朝上，沿拉链齿边车缝固定拉链与裙片。要求完成后拉链密合，裙片平服且腰口对齐［图1-3-6（b）］。

（3）固定拉链布边：拆除假缝线，车缝固定裙片与拉链两侧，缝份0.5cm［图1-3-6（c）］。

4. 缝合侧缝

缝合前后裙片的侧缝，缝份1cm，分缝烫平。

5. 缝腰头

（1）烫黏合衬：如图在腰带反面烫上黏合衬［图1-3-7（a）］。

（2）折烫腰头：腰头面下口向里侧折烫缝份1cm，再对折熨烫腰头［图1-3-7（b）］。

（3）缝合腰头里与裙片：先核对腰头的对位记号与裙片腰口线的相应位置是否对齐，即核对腰头长与裙腰围是否一致，再用大头针固定腰里与裙片，按0.9cm的缝份车缝［图1-3-7（c）］。

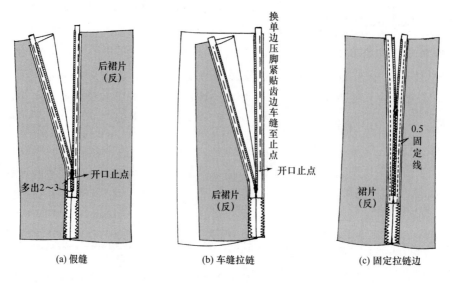

(a) 假缝   (b) 车缝拉链   (c) 固定拉链边

图1-3-6　绱隐形拉链

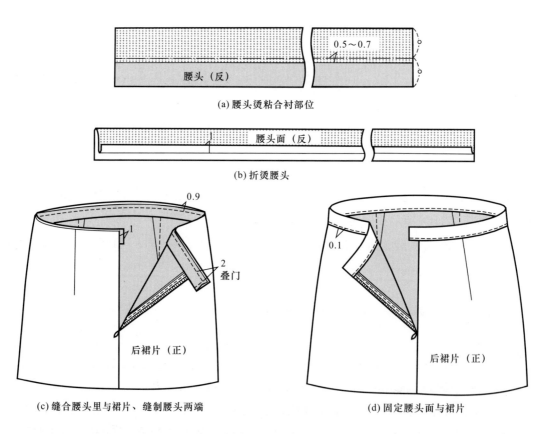

(a) 腰头烫粘合衬部位

(b) 折烫腰头

(c) 缝合腰头里与裙片、缝制腰头两端   (d) 固定腰头面与裙片

图1-3-7　绱腰

（4）缝制腰头两端：分别车缝左右腰头两端，修剪缝份后翻至正面熨烫平整。要求腰带头方正，腰带两端宽窄一致［图1-3-7（c）］。

（5）固定腰头面与裙片：整理装腰缝份，将缝份折入腰头里侧，如图车缝0.1cm固定腰头面与裙片。要求腰绱好后平服，不起扭，缉线均匀，无接线、断线［图1-3-7（d）］。

6. **缝制裙底边**

裙底边缝制可采用两种方法。

（1）折边法：较适合薄型面料，方法如下：裙底边缝份先折烫1cm，再折烫2cm，要求折烫缝份均匀整齐，下摆弧度圆顺，然后反面朝上车缝0.1cm，注意从侧缝起针车缝，接线处自然平顺［图1-3-8（a）］。

（2）缲缝法：适合中等厚度面料或厚型面料，方法如下：裙底边缝份三线包缝后按净线折烫，然后用手缝针三角缲针法固定，要求线迹密度0.7cm/针~0.8cm/针，缝线稍松，正面不能露明显线迹［图1-3-8（b）］。

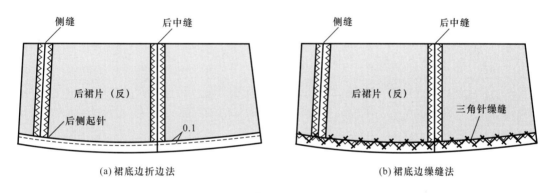

(a) 裙底边折边法　　　　　　　　　　(b) 裙底边缲缝法

图1-3-8　缝制裙摆

7. **锁钉整烫**（图1-3-9）

（1）锁钉：腰头门襟处锁一颗平头扣眼，距边1.2cm，扣子钉在腰头里襟的相应位置。

（2）整烫：将各条缝份、裙腰及裙底边烫平整。

七、缝制工艺质量要求及评分参考标准（总分100分）

（1）前、后省道位置准确，省长左右一致，倒向对称，省尖处平顺（15分）。

（2）隐形拉链绱好后应密合，无褶皱，腰口处左右齐平（25分）。

（3）侧缝顺直，左右侧缝长短一致（10分）。

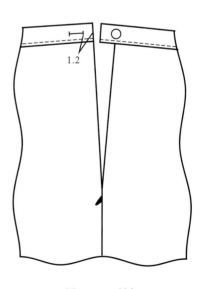

图1-3-9　锁钉

（4）腰带宽窄一致，腰绱好后应平服，不起扭（20分）。

（5）裙底边折边宽窄一致（10分）。

（6）缉线顺直，无跳线、断线现象，符合尺寸（10分）。

（7）各部位熨烫平整（10分）。

作业布置

按照具体的裙款，选购合适的面辅料，在教师的指导下，按缝制质量要求完成裙子成品的缝制。

裤子制作工艺

课程名称： 裤子制作工艺

课程内容： 女西裤制作工艺

男西裤制作工艺

男式牛仔裤制作工艺

女式低腰牛仔裤制作工艺

上课时数： 76 课时

教学目的： 使学生理论联系实际，帮助其提高动手实践能力，验证样板与工艺之间的配伍关系，为后续相关课程的学习打下基础。

教学方法： 结合视频，采用理论教学与实际操作演示相结合的教学方法。要求学生有足够的课外时间进行操作训练，建议课内外课时比例达到 1:1 以上。

教学要求： 使学生了解女西裤、男西裤、男式牛仔裤、女式低腰牛仔裤的面辅料选购要点，掌握各裤子样板放缝要点、排料方法、缝制工艺流程及具体的缝制方法与技巧、熨烫方法、缝制工艺质量要求等内容，并能做到触类旁通。

第二章　裤子制作工艺

第一节　女西裤制作工艺

一、概述

1. 款式分析

此裤前中缂拉链，缂直腰头。前裤片左、右各两个褶裥，分别倒向侧缝；后裤片左、右各两个省。左、右侧缝有口袋，款式如图2-1-1所示。

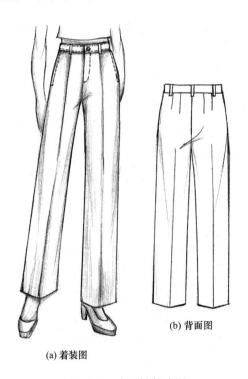

(b) 背面图

(a) 着装图

图2-1-1　女西裤款式图

2. 面料选择

该裤面料选用范围较广，全毛、毛涤、化纤面料均可，袋布选用全棉或涤棉漂白布。

3. 面、辅料参考用量

（1）面料：幅宽144cm，用量约110cm。用料估算公式为裤长+6cm。

（2）辅料：袋布35cm，黏合衬适量，拉链1条，纽扣1粒。

4. 女西裤局部平面图

女西裤局部平面图如图2-1-2所示。

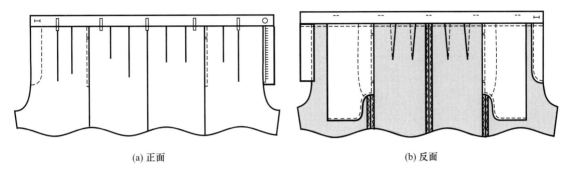

(a) 正面　　　　　　　　　　　　　(b) 反面

图2-1-2　女西裤局部平面图

二、制图参考规格（不含缩率）

单位：cm

号/型	腰围（W） （放松量为2cm）	臀围（H） （放松量为10cm）	裤长	裤脚口围	直裆（含腰头宽）	腰头宽	串带襻长/宽	袋口大
155/62A 155/64A 155/66A	62+2=64 64+2=66 66+2=68	84+10=94 86+10=96 88+10=98	96	41	27	3.5	7/1.2	15
160/66A 160/68A 160/70A	66+2=68 68+2=70 70+2=72	88+10=98 90+10=100 92+10=102	99	42	27.5	3.5	7/1.2	15
165/70A 165/72A 165/74A	70+2=72 72+2=74 74+2=76	92+10=102 94+10=104 96+10=106	102	43	28	3.5	7/1.2	15

注　下装的型指净腰围，腰围制图尺寸可根据需要选择：净腰围+（0~2）cm。

三、结构图

女西裤的结构图如图2-1-3所示。

四、零部件毛样图及放缝、排料图

1. 零部件毛样图（图2-1-4）

2. 放缝、排料图（图2-1-5）

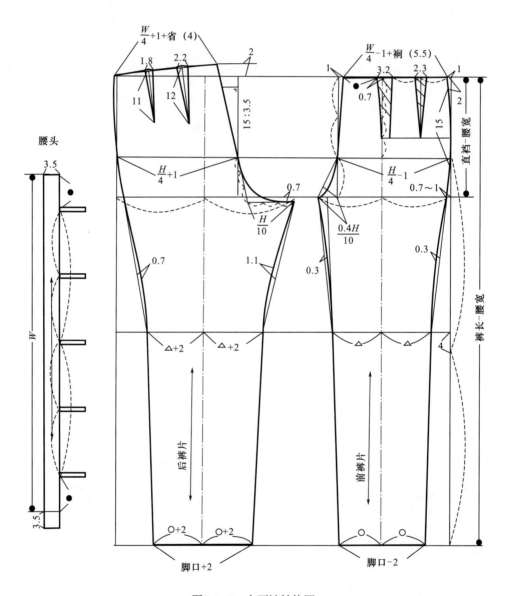

图2-1-3 女西裤结构图

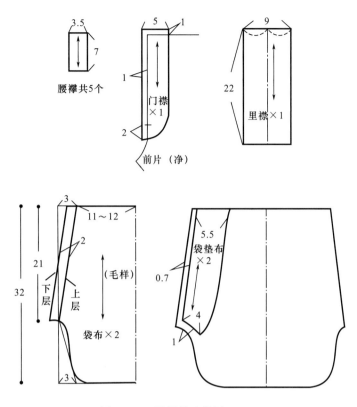

图2-1-4 零部件毛样图

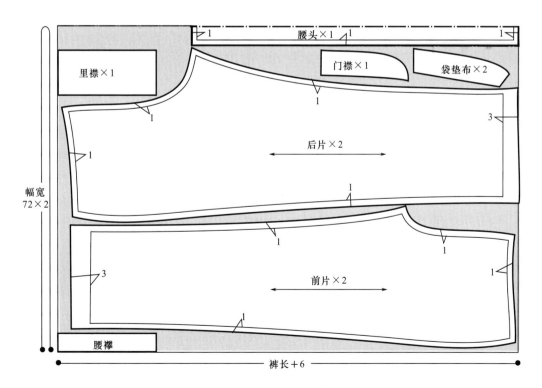

图2-1-5 放缝、排料图

五、缝制工艺流程、缝制前准备

1. 缝制工艺流程

做标记→烫黏合衬→裤片三线包缝→车缝省道、烫省道、烫前片裤中线→制作侧缝袋→缝合侧缝→装侧缝袋→缝合下裆缝→缝合前、后裆缝→缝合门襟→制作里襟、绱拉链、车缝门襟固定线→制作串带襻、车缝串带襻→制作腰头→绱腰头→固定串带襻→固定裤脚折边→锁眼钉扣→整烫

2. 缝制前准备

（1）在缝制前须选用与面料相适应的针号和线，调整底、面线的松紧度及线迹、针距密度。针号：80/12～90/14号。

（2）用线与针距密度：底、面线均用配色涤纶线，针距密度为14～16针/3cm。

六、具体缝制工艺步骤及要求

1. 做标记

按样板在褶裥位、省位等处剪口做标记。要求剪口宽不超过0.3cm、深不超过0.5cm。在前片拉链开口止点、侧缝袋位置、中裆线、裤脚折边线等处划上粉印，作为标记。

2. 烫黏合衬

在前片的袋位处、门襟、里襟及腰头烫黏合衬（图2-1-6）。

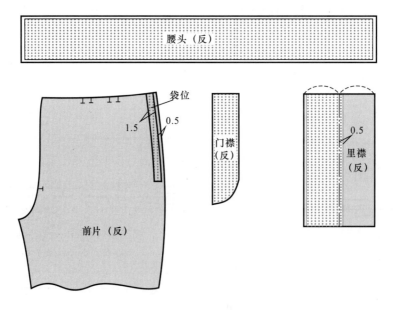

图2-1-6　烫黏合衬

3. 裤片三线包缝

裤片三线包缝部位如图2-1-7所示。

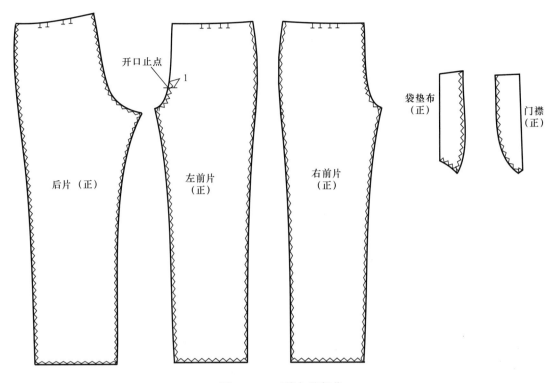

图2-1-7　三线包缝部位

4. 车缝省道、烫省道、烫前片裤中线

（1）车缝省道、烫省道：按后裤片上的省位剪口和省尖位置，在裤片的反面画出省中线和省大，按省中线折叠裤片，沿省道车缝。然后将省道向后裆缝一侧烫倒（图2-1-8）。

（2）烫前片裤中线：将前片裤中线烫出来，防止烫出极光。

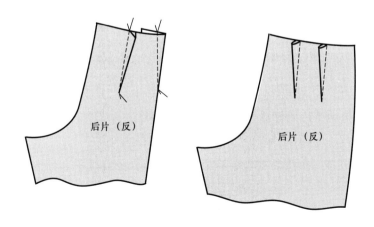

图2-1-8　车缝省道、烫省道

5. 制作侧缝袋

（1）车缝袋垫布：在袋布尺寸长出的一侧（即下侧袋布）放上袋垫布，要求袋垫布距袋布边0.7cm，下端距袋边1.5cm。然后沿袋垫布三线包缝的一侧，将袋垫布与袋布车缝固定［图2-1-9（a）］。

（2）缝合袋底并翻烫：将袋布正面相对，下层比上层多出2cm，沿袋底车缝，缝份为0.3cm，缝至距上层袋布1.5cm处止。然后把袋布翻出，烫平待用［图2-1-9（b）］。

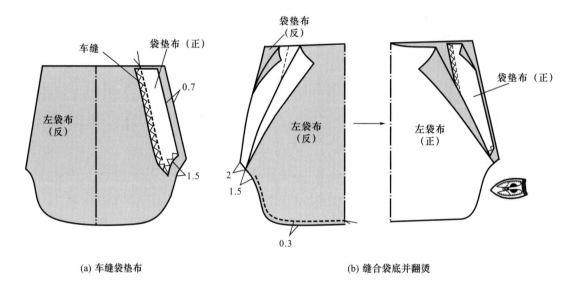

(a) 车缝袋垫布　　　　　　　　　　(b) 缝合袋底并翻烫

图2-1-9　制作侧缝袋

6. 缝合侧缝

先将前、后裤片正面相对、侧缝对齐，从袋口下部开口止点开始缝至裤脚口，然后烫开缝份（图2-1-10）。

7. 装侧缝袋

（1）搭缝袋布：将袋布与前片反面的袋口线对齐，采用搭缝进行缝合［图2-1-11（a）］。

（2）缉袋口明线：按1cm缝份折烫袋口边，沿袋口边缉0.8cm的双明线［图2-1-11（b）］。

（3）袋垫布与后裤片侧缝缝合：缝线接近侧缝处，注意不要将袋布缝住［图2-1-11（c）］。

（4）分烫袋垫布、扣烫袋缝份：将袋垫布翻转，分缝烫平，同时扣烫袋布边0.5cm［图2-1-11（d）］。

（5）车缝固定袋布：将袋布摆平服，沿扣烫线与后片侧缝车缝固定，然后在袋底车缝0.5cm明线［图2-1-11（e）］。

（6）封袋口：后片稍归拢，前片盖住侧缝线0.1cm，在袋口处打回针封袋口；然后将前片两褶裥向侧缝折倒，并将前片褶裥部位整平，距边0.5cm车缝固定［图2-1-11（f）］。

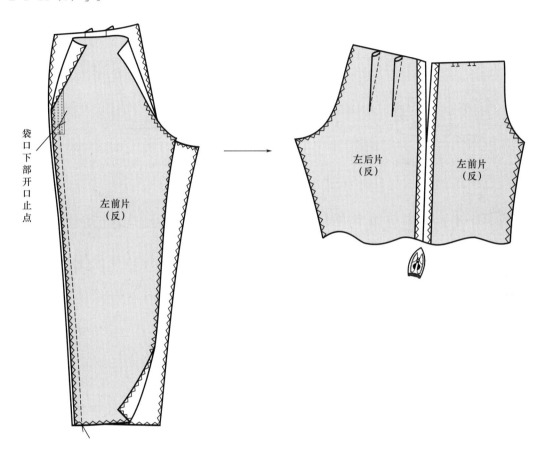

图2-1-10　缝合侧缝

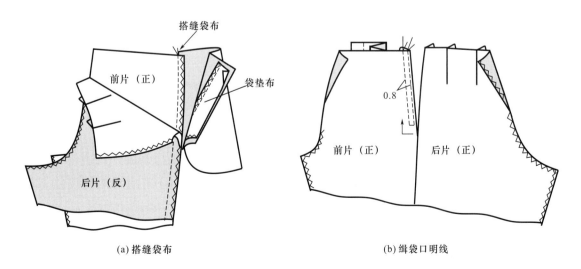

(a)搭缝袋布　　　　　　　　　　　(b)缉袋口明线

图2-1-11

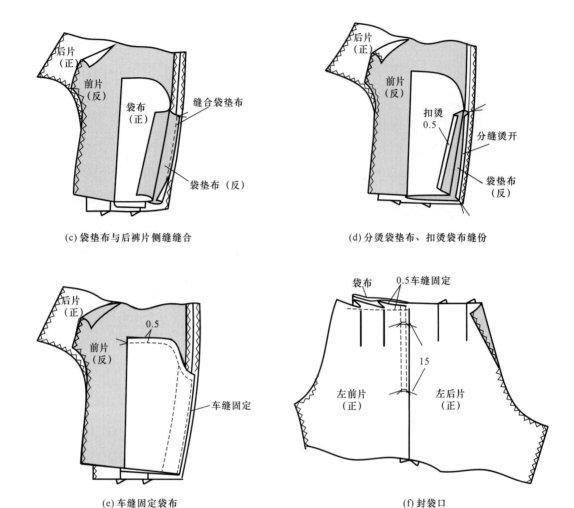

(c) 袋垫布与后裤片侧缝缝合

(d) 分烫袋垫布、扣烫袋布缝份

(e) 车缝固定袋布

(f) 封袋口

图2-1-11 装侧缝袋

8. 缝合下裆缝

前裤片在上，后裤片在下，后裤片横裆下10cm处略有吃势，中裆以下前、后裤片松紧一致，沿边1cm缝份车缝。注意两层车缝要平直，不能有长短差异。然后将其分缝烫平（图2-1-12）。

9. 缝合前、后裆缝

（1）缝合裆缝：将左、右裤片正面相对，裆底缝对齐，从前裆缝开口止点开始缝至后裆缝腰口处。由于该处是用力部位，要求重复车双线，但不能出现双轨现象（图2-1-13）。

（2）分烫前、后裆缝。

10. 缝合门襟

（1）缝合门襟：门襟与左前片裆缝缝合，缝份0.8cm，缝至开口止点。

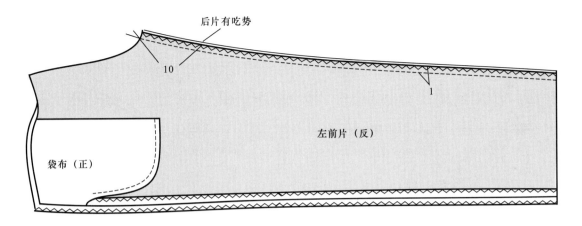

图2-1-12　缝合下裆缝

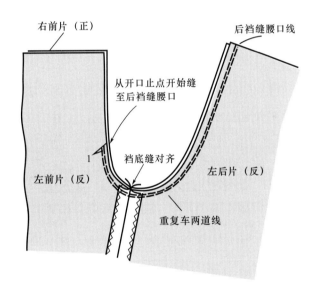

图2-1-13　缝合前、后裆缝

（2）门襟压明线：在门襟止口处，沿边0.1cm压明线［图2-1-14（a）］。

（3）烫门襟止口：将前裆门襟止口烫出0.2cm容量［图2-1-14（b）］。

11．制作里襟、绱拉链、车缝门襟固定线

（1）制作里襟：将里襟沿中线正面相对对折后，在下部车缝1cm的缝份。将缝份修剪为0.5cm，翻到正面并烫平。然后将里襟里侧的毛边三线包缝［图2-1-15（a）］。

（2）里襟与拉链固定：将拉链的左布带距里襟三线包缝线0.6cm处放平，换用单边压脚，在距拉链牙边0.6cm处与里襟车缝固定。拉链头上部距边1.5cm、下部距边3.5cm［图2-1-15（b）］。

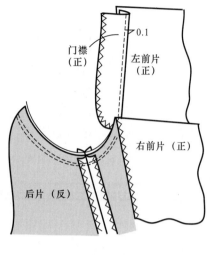

(a) 缝合门襟、门襟压明线　　　　　　　(b) 烫门襟止口

图2-1-14　缝合门襟

（3）右前片与里襟及拉链缝合：右前裤片反面向上，里襟放下层并伸出0.3cm与右前裤片的前裆缝对齐，车0.7cm的缝份至开口止点。然后将右前片折转，沿边0.1cm缉明线〔图2-1-15（c）〕。

（4）拉链与门襟固定：将左前裤片裆缝止口盖住右前裤片0.2cm，初学者可先用假缝将其固定，然后翻到反面，将拉链放在门襟上车缝固定〔图2-1-15（d）〕。

（5）车缝门襟固定线：将假缝线拆除，掀开里襟，在左前片开口处缉2cm明线固定门襟，底部重复车缝。最后将里襟放回原处，铺平、对好，在裤片的反面将门、里襟底部车缝固定住〔图2-1-15（e）〕。

12. 制作串带襻、车缝串带襻

（1）制作串带襻：先将串带襻正面相对对折，车缝串带襻宽1.2cm。然后修剪缝份留0.3cm，分缝烫平。再将串带襻翻至正面，熨烫平整。串带襻共5条，长7.5cm、宽1.2cm〔图2-1-16（a）〕。

（2）车缝串带襻：前串带襻对准前裤片第一褶裥，后串带襻对准后裆缝，中间串带襻在前、后串带襻之间。将串带襻与裤片正面相对，距腰口0.3cm摆正，按0.3cm的缝份车缝固定；然后在距第一缝线1.5cm处再车缝一道〔图2-1-16（b）〕。

13. 制作腰头

将腰头面一侧按1cm缝份扣烫；然后沿中心线对折烫平后，再折转腰头里包住腰头面扣烫0.9cm。将腰头翻到反面，两端按1cm缝份车缝。最后将扣烫好的腰头翻转、烫平，同时在腰头上作出缝腰头的对位记号（图2-1-17）。

14. 缝腰头

（1）车缝腰头面：将腰头面与裤片正面相对，两端与门、里襟分别对齐，中间部位

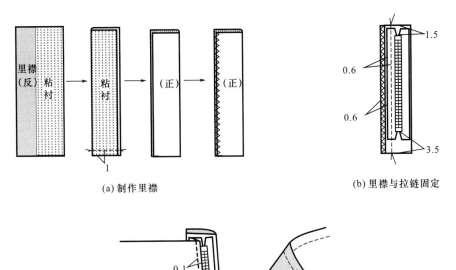

(a) 制作里襟

(b) 里襟与拉链固定

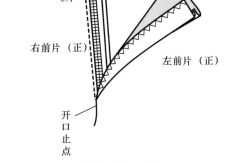

(c) 右前片与里襟及拉链缝合

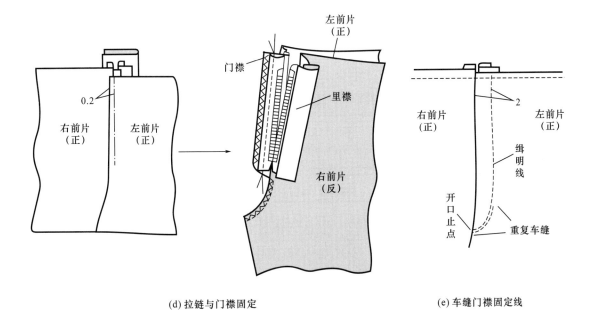

(d) 拉链与门襟固定

(e) 车缝门襟固定线

图2-1-15　制作里襟、绱拉链、车缝门襟固定线

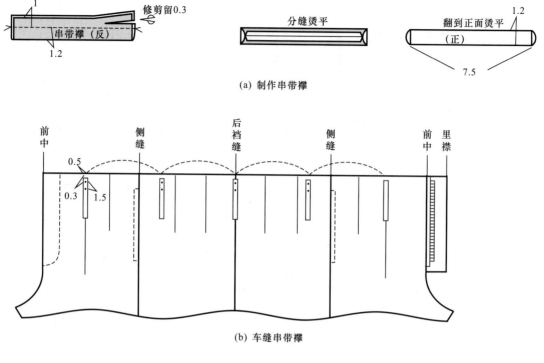

（a）制作串带襻

（b）车缝串带襻

图2-1-16 制作串带襻、车缝串带襻

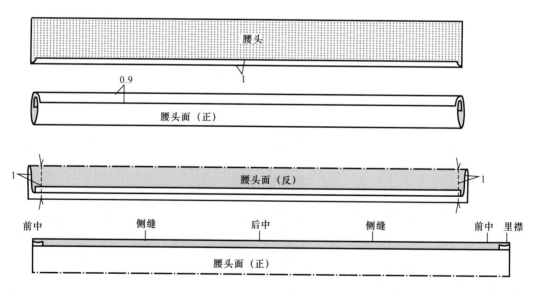

图2-1-17 制作腰头

的对位记号分别对好，按1cm缝份缝合一周［图2-1-18（a）］。

（2）车缝腰头里：翻转腰头，将腰头里与腰口线用漏落缝进行固定，注意腰头里一定要车缝住［图2-1-18（b）］。

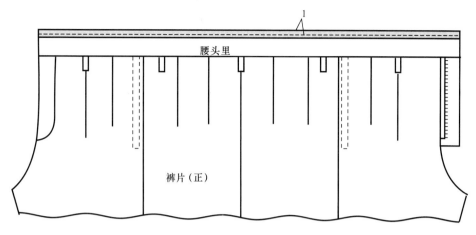

(a) 车缝腰头面

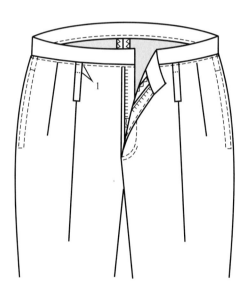

(b) 车缝腰头里

图2-1-18 绱腰头

15. 固定串带襻

将串带襻向上翻，上端按1cm的缝份扣烫，摆正后，在距腰口0.3cm处将串带襻缝份在内侧用明倒回针固定，最后将串带襻缝份修剪为0.5cm（图2-1-19）。

16. 固定裤脚折边

先将裤脚折边按标记折好烫平，并采用三角针沿三线包缝线手缲一周。要求用本色单根线，缝线不能穿透到正面，并要松紧适宜。

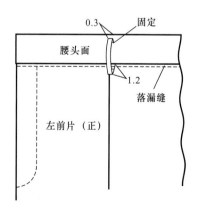

图2-1-19 固定串带襻

17. 锁眼、钉扣

在距前中1.2cm的腰头左端锁扣眼1个，扣眼大1.7cm，腰头右端的相应位置钉纽扣1粒［参见女西裤正反面组合图（图2-1-2）］。

18. 整烫

（1）反面整烫：将前后裆缝、侧缝、下裆缝分别用蒸汽熨斗熨平。

（2）正面整烫：在正面整烫，要垫上烫布，以免出现极光现象。

①烫前烫迹线：先将腰口的褶裥、侧缝袋烫好，然后将一条裤腿摊平，下裆缝与侧缝对齐，烫平前烫迹线。

②烫后烫迹线：后烫迹线烫至臀围线处。如果选用全毛或毛混纺面料，在横裆线稍下处归拢，横裆线以上部位按图2-1-20箭头方向逐段拔开，烫出臀围胖势。最后将裤线全部烫平。

③烫平腰头。

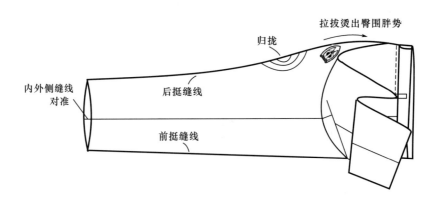

图2-1-20　整烫

七、缝制工艺质量要求及评分参考标准（总分100分）

（1）规格尺寸符合标准与要求（5分）。

（2）外形美观，整条裤子无线头（5分）。

（3）左右袋口平服，高低一致（10分）。

（4）腰头宽窄一致，缉明线宽窄一致；腰头面、里顺直，无起皱现象（20分）。

（5）串带襻左、右对称，高低一致（10分）。

（6）前门襟绱拉链平服，拉链不能外露；前、后裆缝无双轨（30分）。

（7）裤脚边平服不起吊；锁眼位置正确，钉扣符合要求（10分）。

（8）整烫时，裤子面料上不能有水迹，不能烫焦、烫黄；前、后烫迹线要烫实，后臀围按归拔原理烫出胖势，裤子摆平时，符合人体要求（10分）。

第二节 男西裤制作工艺

一、概述

1. 款式分析

该西裤为绱腰头、前门襟装拉链，左、右侧缝各有一斜插袋，前裤片左、右各打反裥2个，后裤片左、右各收省2个、挖袋各1个。腰装串带襻6个，门里襟腰头处装四件钩扣1副，纽扣1粒，脚口内侧有贴脚条。款式如图2-2-1所示。

2. 面料选择

该裤面料选用范围较广，毛料、毛涤、棉、化纤类织物均可，颜色深浅均适宜。里料一般选用涤丝纺、尼丝纺等织物。袋布选用全棉或涤棉布。

3. 面、辅料参考用量

（1）面料：幅宽144cm，用量约110cm。用料估算公式为裤长+7cm。

（2）辅料：里料40cm，袋布60cm，无纺黏合衬适量，腰头衬适量，腰头里100cm，拉链1条，纽扣4粒，四件钩扣1副，滚条280cm。

4. 男西裤局部平面图

男西裤局部平面图如图2-2-2所示。

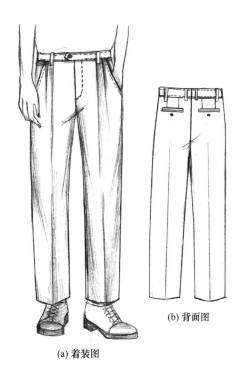

(b) 背面图

(a) 着装图

图2-2-1 男西裤款式图

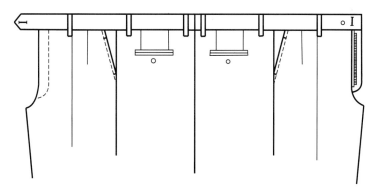

(a) 正面

图2-2-2

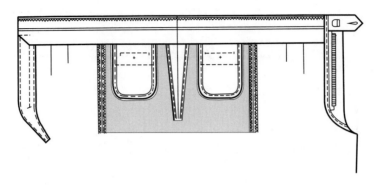

(b) 反面

图2-2-2 男西裤局部平面图

二、制图参考规格（不含缩率）

单位：cm

号/型	腰围（W） （放松量为2cm）	臀围（H） （型+24cm左右）	裤长	裤脚口围	直裆（含腰头宽）	腰头宽	串带襻（长/宽）	袋口大
170/72A 170/74A 170/76A	72+2=74 74+2=76 76+2=78	72+24=96 74+24=98 76+24=100	102	45	29.5	3.5	7/1.2	16
175/76A 175/78A 175/80A	76+2=78 78+2=80 80+2=82	76+24=100 78+24=102 80+24=104	105	46	30	3.5	7/1.2	16
180/80A 180/82A 180/84A	80+2=82 82+2=84 84+2=86	80+24=104 82+24=106 84+24=108	108	47	30.5	3.5	7/1.2	16

注 下装的型指净腰围，腰围制图尺寸可根据需要选择：净腰围+（0～2）cm。

三、结构图

1. 结构图［图2-2-3（a）］
2. 零部件毛样图［图2-2-4（a）］

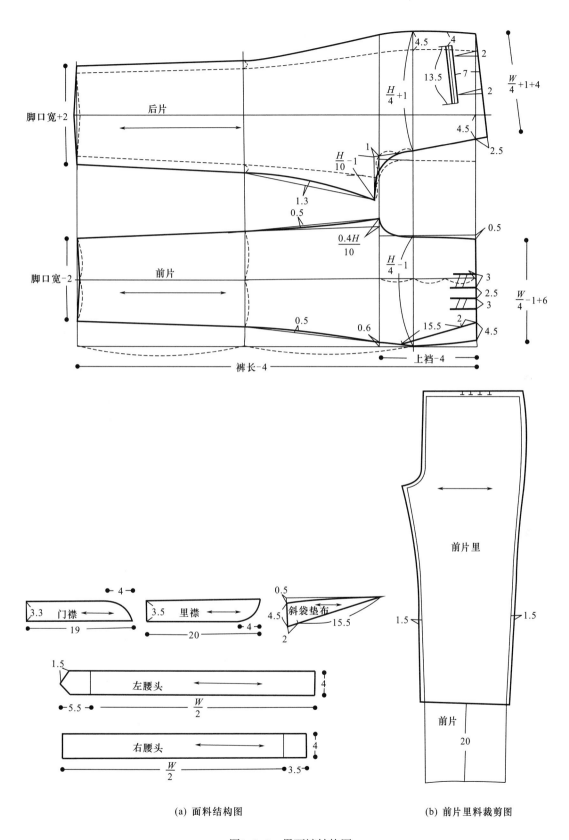

(a) 面料结构图

(b) 前片里料裁剪图

图2-2-3　男西裤结构图

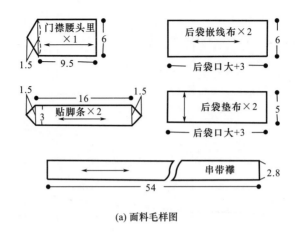

(a) 面料毛样图

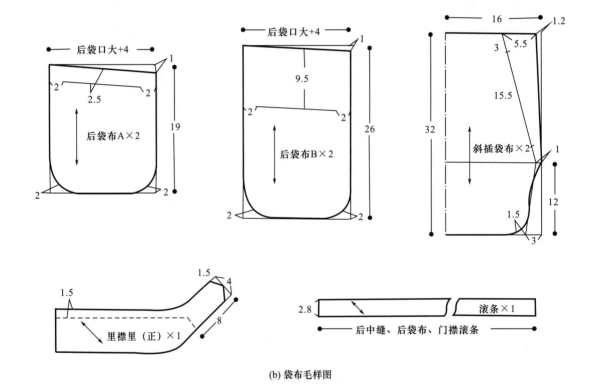

(b) 袋布毛样图

图2-2-4 零部件毛样图

四、放缝、排料图

1. 放缝图

男西裤的放缝图如图2-2-5（a）所示，零部件的放缝图如图2-2-5（b）所示。

2. 排料图

男西裤的排料图如图2-2-6所示。

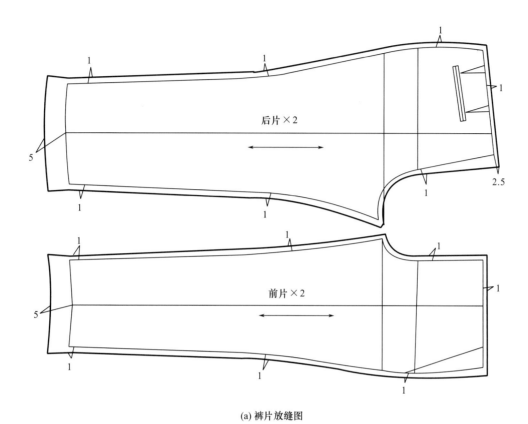

(a) 裤片放缝图

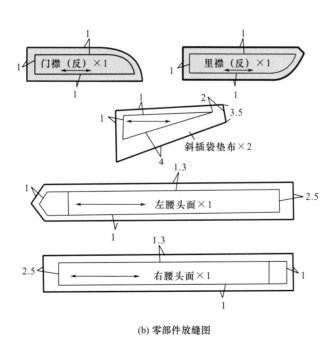

(b) 零部件放缝图

图2-2-5 男西裤放缝图

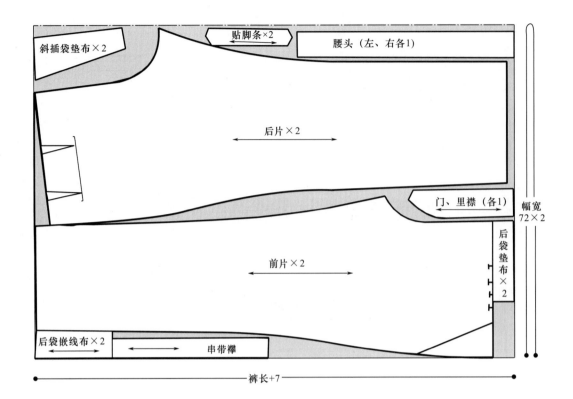

图2-2-6 男西裤排料图

五、缝制工艺流程、缝制前准备

1. 缝制工艺流程

烫黏合衬→打线丁、后片归拔→后片包缝、收省→制作后袋→制作斜插袋、烫褶裥→敷里料、包缝和缝合侧缝、下裆缝→烫前、后烫迹线→制作、绱串带襻及腰头→缝合裆缝及制作、绱门里襻、拉链→绱门里襻腰头及钉四件钩扣，绲门襻线、腰头面→制作、绱贴脚条及烫、缲脚口→手缲腰头里、锁眼、钉扣、打套结→整烫

2. 缝制前准备

（1）缝制前需选用与面料相适应的针号和线，调整底、面线的松紧度及线迹、针距密度。针号：80/12～90/14号。

（2）用线与针距密度：底、面线均用配色涤纶线，针距密度为14～16针/3cm。

六、具体缝制工艺步骤及要求

1. 烫黏合衬

用熨斗在腰头面上烫有纺黏合衬；斜插袋口、后袋位、后袋嵌线布、门襻、里襻均烫无纺黏合衬。注意将熨斗调到适当温度，掌握好时间和压力，以保证黏合均匀、牢固（图2-2-7）。

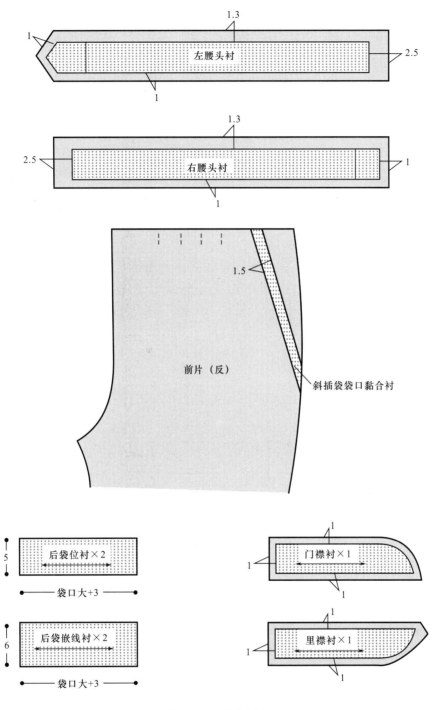

图2-2-7　烫黏合衬

2. 打线丁、后片归拔

（1）打线丁：打线丁通常采用棉纱线，一般以双线一长一短线丁为佳。线丁的疏密可因部位的不同而有所变化，通常在转弯处、对位标记处可略密，直线处可稀疏。

裤子的打线丁部位如图2-2-8所示。前裤片：裥位线、袋位线、中裆线、脚口线、烫迹线。后裤片：省位线、袋位线、中裆线、脚口线、烫迹线、后裆线。

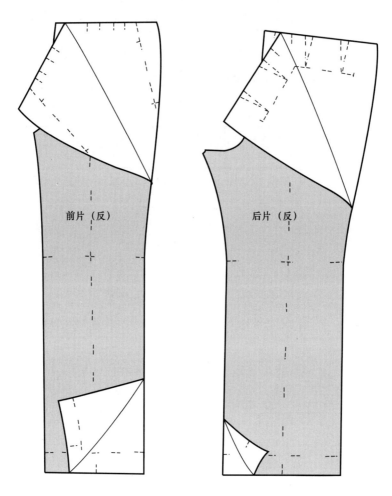

前片（反）　　　后片（反）

图2-2-8　打线丁

（2）后片归拔：

①归拔下裆缝：重点归拔中裆以上及横裆部位。方法是：按箭头方向移动熨斗，将下裆缝上段至中裆间的直丝缕沿边用力拔开（拉长），使之成为弧线。中裆处边拔边拉出，在往返熨烫时要将回势归平；接着将后裆横丝向下拉开，这样才能在下裆缝上部10cm处归拢，不使之翘上。经过连续、往返归拔，即可使下裆缝近似直线形，丝缕定型［图2-2-9（a）］。

②归拔侧缝：侧缝部位与下裆缝部位对称归拔，方法相似。将上端臀围处归拢，边烫边用左手顺着箭头方向将直丝缕拉长至中裆，使中裆处一段也近似直线［图2-2-9（b）］。

③对折、复烫定型：在复烫过程中，将裤片对折，观察以下三处是否达到要求。一是横裆部位要有较明显的凹进；二是臀围部位胖势要凸出；三是下裆缝脚口处要平齐

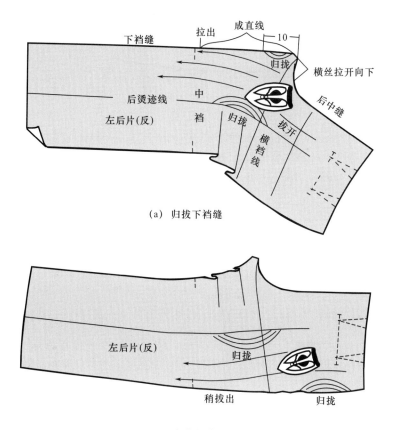

（a）归拔下裆缝

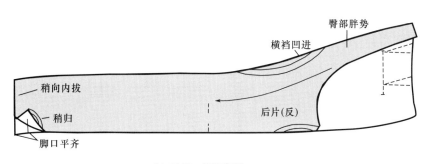

（b）归拔侧缝

（c）对折、复烫定型

图2-2-9　后片归拔

［图2-2-9（c）］。

3. 后片包缝、收省

（1）后片包缝：包缝后片的侧缝、脚口及下裆缝。

（2）后片收省：在后裤片反面按照省中线对折省量车缝，省净长7cm，省大为2cm。腰口处打回针，省尖处留10cm左右的线头打结。省要缉得直而尖。然后放在熨烫布馒头上将省道缝份向后裆缝坐倒烫平，并将省尖胖势朝臀部方向推烫均匀（图2-2-10）。

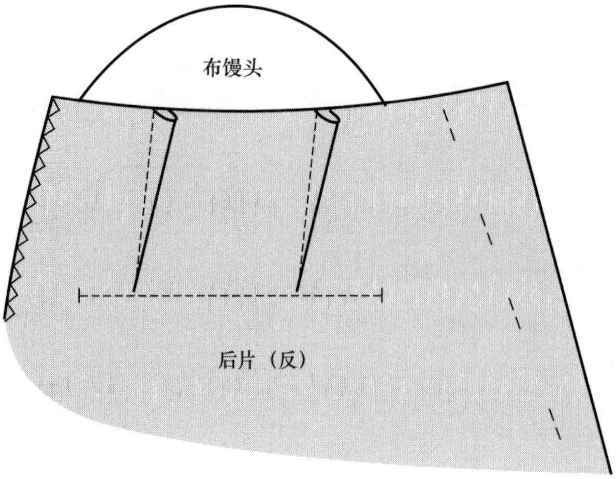

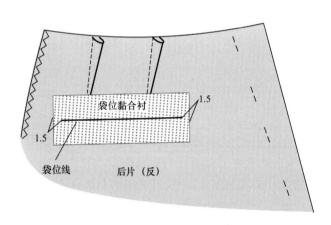

图2-2-10 后片收省

4. 制作后袋

（1）袋位粘衬：根据线丁在后裤片正面画出口袋位置。在袋位反面居中烫上无纺黏合衬（图2-2-11）。

图2-2-11 袋位粘衬

（2）制作袋口：

①车缝嵌线布：在烫上无纺黏合衬后的嵌线布反面，居中画出双嵌线袋口的长度和宽度，并从一侧沿袋口中线剪开，至另一侧袋口止。然后嵌线布在上，裤片在下，正面相对，嵌线布中线对准裤片袋位，同时将后袋布A垫在裤片下面，袋布边至袋口线2.5cm，左右居中，然后按袋口长度，车两条和袋口等长的平行线，四端一定要倒回针固缝[图2-2-12（a）]。

②剪袋口：沿袋口线与嵌线布同时剪开，袋口两端剪成Y形，分为上下两条嵌线[图2-2-12（b）]。

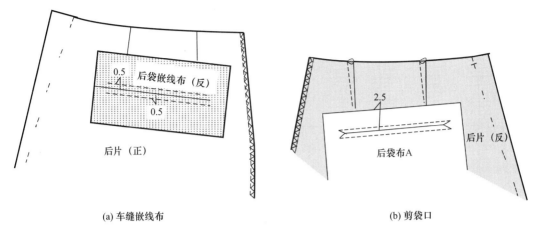

(a) 车缝嵌线布　　　　　　　　　　　　　(b) 剪袋口

图2-2-12　制作袋口

③分烫嵌线布：将嵌线布翻向裤片反面，并将剪开的缝份分缝烫开。

（3）固定嵌线布、装袋布、滚边：

①固定嵌线布：车缝固定下嵌线布及两端Y字形［图2-2-13（a）］。

②装袋垫布：将袋垫布放在后袋布B的相应位置上，然后用坐缉缝（扣压缝）的方法车缝固定［图2-2-13（b）］。

③装袋布：将后袋布B放在袋位相应的位置上，车缝固定上嵌线布和后袋布B。

④封袋口：封口线来回车3~4次，长度不超过嵌线宽度。要求袋口闭合，嵌线上下、左右宽度一致，袋角方正。

⑤滚边及修剪：将后袋布A、后袋布B缝合，用3cm宽45°的斜丝滚条包滚袋布缝份三边边缘及左、右后裆缝。将后袋布B上口与腰口以0.5cm缝份车缝固定，剪掉袋布超出腰口的多余部分［图2-2-13（c）］。

5. 制作斜插袋、烫褶裥

（1）制作袋布：

①车缝袋垫布：包缝袋垫布，沿包缝线内侧将袋垫布与下层斜插袋布缉住，注意左右对称。将斜插袋布正面相合，距下袋口3cm处起缝，以0.3cm缝份车缝袋底［图2-2-14（a）］。

②缉袋底明线：将斜插袋布翻出，沿袋底缉0.5cm明止口线［图2-2-14（b）］。

（2）扣烫袋口：在前裤片斜插袋位线丁内侧，烫1.5cm宽直丝黏合牵条，再按线丁标记将斜插袋口边（光边）折转烫平［图2-2-14（c）］。

（3）装袋布、缉袋口、固定袋布：

①装袋布：前袋布袋口边对准前裤片袋口净线，沿裤片边缘（布边）缉0.1cm，将斜插袋布装于前裤片的恰当位置。将袋布折向裤片反面，在裤片正面缉0.8cm的袋口明线［图2-2-14（d）］。

②固定袋布和褶裥：摆正袋布，按线丁标记将上、下袋口分别与袋布暂时固定；再将

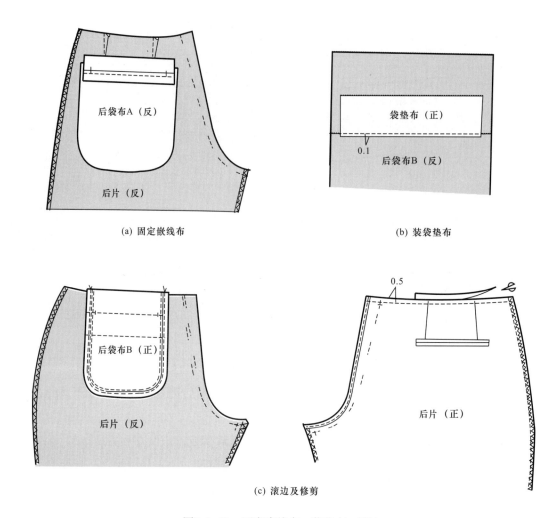

(a) 固定嵌线布　　　　　　　　　　　　(b) 装袋垫布

(c) 滚边及修剪

图2-2-13　固定嵌线布、装袋布、滚边

袋布与裤片的两褶裥车缝固定并烫倒。熨烫褶裥要求正面倒向侧缝线，其中侧缝褶裥烫18cm长左右，自然消失；另一褶裥烫后应与烫迹线连成一线。最后将打好褶裥的裤片腰口与袋布上口以0.5cm的缝份车缝固定［图2-2-14（e）］。

6. 敷里料、包缝和缝合侧缝、下裆缝

（1）敷里料：前裤片面料与前裤片里料反面相对，用手针沿前裤片缝份边缘0.4cm绷缝固定。按照前裤片褶裥位置，扣烫里料腰褶裥，倒向与面料褶裥相反。

（2）包缝：包缝前裤片侧缝、脚口及下裆缝。

（3）缝合侧缝：前裤片在上，后裤片在下，正面相对缝合侧缝并分缝烫开［图2-2-15（a）］。封上、下袋口，要求：封口线来回3~4道，不能超过0.8cm的袋口明线。

（4）缝合下裆缝并分缝烫开：

①前片在上，后片在下，正面相对缝合，后片横裆下10cm处要有适当吃势。

②中裆以下前、后裤片松紧一致，并应注意绱线顺直，缝份宽窄一致。中裆以上绱双线。

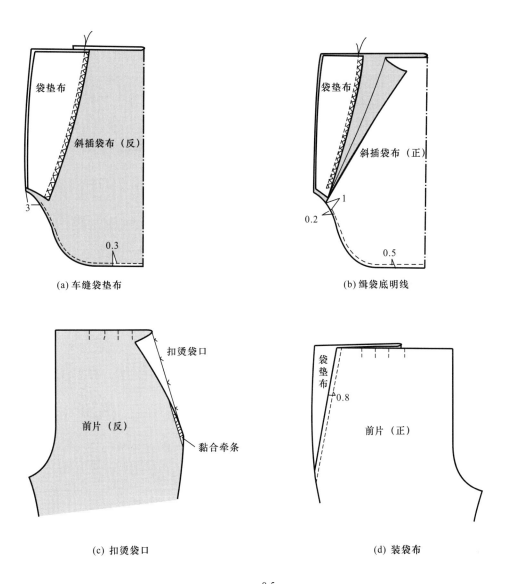

(a) 车缝袋垫布

(b) 缉袋底明线

(c) 扣烫袋口

(d) 装袋布

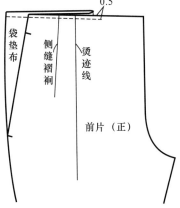

(e) 固定袋布和褶裥

图2-2-14　制作斜插袋、烫褶裥

③将下裆缝分缝烫平，烫时应注意横裆下10cm处略作归拢，中裆部位略作拔伸［图2-2-15（b）］。

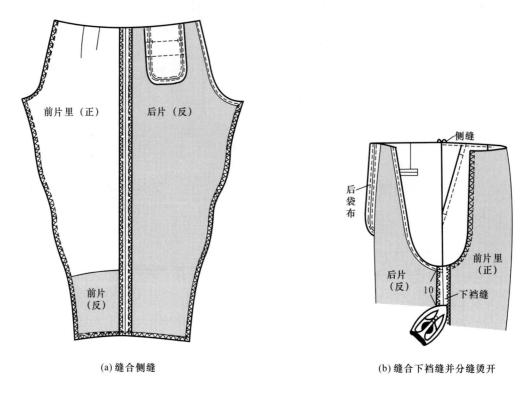

(a) 缝合侧缝　　　　　　　　　　　　(b) 缝合下裆缝并分缝烫开

图2-2-15　缝合侧缝、下裆缝并分缝烫开

7. 烫前、后烫迹线

（1）烫前烫迹线：将侧缝和下裆缝对齐，以前烫迹线丝缕顺直为主，侧缝、下裆缝对齐为辅，熨烫平整。

（2）烫后烫迹线：先将横裆处后裆抚挺，把臀部胖势推出，横裆下适当归拢。上部不能烫得太高，烫至腰口下10cm左右，熨烫平服。然后熨烫裤子的另一片。要求：两裤片左右对称，后烫迹线上口高低应一致（图2-2-16）。

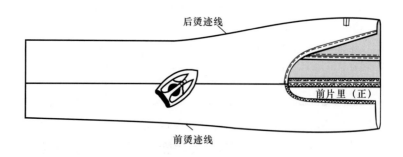

图2-2-16　烫前、后烫迹线

8. **制作、绱串带襻及腰头**

（1）制作串带襻和腰头：

①制作串带襻：取长9cm、宽2.8cm的直丝料6条，正面相对车缝，净宽1cm。将缝份放在中间分缝烫平，用镊子夹住缝份将串带襻翻到正面并烫直。再在其正面两边缉0.1cm明止口线 [图2-2-17（a）]。

②制作腰头：采用分腰工艺，即分别制作左、右两片裤腰头，并分别绱到左、右裤片上。左门襟腰头面毛长为W/2+10cm（宝剑头5.5cm），右里襟腰头面毛长为W/2+8cm，腰里采用半成品，宽5.5cm。

在腰头面反面上口下1.3cm处烫4cm宽树脂黏合腰衬。将腰头里正面朝上平叠1cm盖在腰头面的正面上，沿腰头里上口边缘车缝三角针或0.1cm明线 [图2-2-17（b）]。将腰头面、里反面相对，腰头面超过腰头里0.3cm将腰头上口烫好。在腰头面下口缝份处做好门襟、里襟、侧缝、后中缝对位记号。左门襟腰头里可短6cm。

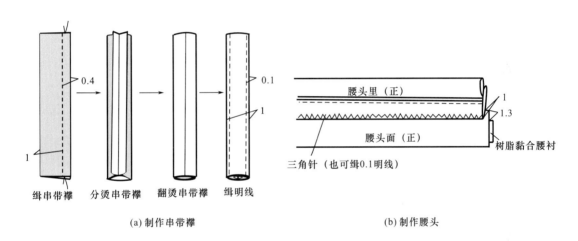

（a）制作串带襻　　　　　　　　（b）制作腰头

图2-2-17　制作串带襻和腰头

（2）固定串带襻、绱腰头：

①固定串带襻：先在裤片上定好串带襻的位置，即左、右前裥上方各一个、后中缝左、右两侧3cm处各一个，其余两个串带襻分别位于前、后两个串带襻的中间位置上 [图2-2-18（a）]，然后车缝固定。

②绱腰头：裤片在下，腰头在上，正面相对，对准标记，左、右腰头分别缝合 [图2-2-18（b）]。注意在距前片门襟、里襟两端约7cm处暂时不缝。

9. **缝合裆缝及制作、绱门里襟、拉链**

（1）缝合裆缝：将左右裤片后裆缝、后中腰头面、腰头里正面相对，上下层对齐 [图2-2-19（a）]。从前小裆拉链止点上方1cm处起针，按照线丁标记缉向后腰口，注意要将后裆的弯势拉直缉线，腰头里下口缉线斜度应与后裆缝上口斜度相对应。后裆缝缉双线，以增强牢度。将前、后裆缝分缝烫平。

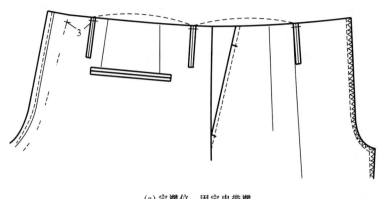

(a) 定襻位、固定串带襻

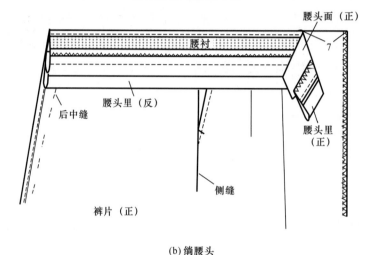

(b) 绱腰头

图2-2-18 固定串带襻和绱腰头

（2）制作里襟：在烫无纺黏合衬的里襟里口一侧三线包缝，将里襟面、里正面相对，以0.8cm缝份沿外口车缝一道。将里襟翻到正面在上，熨烫平整，沿外口压缉0.1cm明线［图2-2-19（b）］。

（3）扣烫里襟：里襟里按里襟面毛宽扣烫，里襟弯头处打几个剪口，使里襟里折转扣烫平整，并在下端略烫弯，最后按净样扣烫成宝剑头状［图2-2-19（c）］。

（4）拉链与里襟面缝合：将拉链、里襟面正面相对，上口平齐，以0.6cm缝份缝合［图2-2-19（d）］。

（5）绱里襟拉链：将拉链、里襟面与右前裤片正面相对，从拉链开口止点起以0.8cm缝份将里襟面、拉链、右前裤片一起缝合到腰口线为止［图2-2-19（e）］。

（6）右前裤片里襟止口压明线：将里襟翻转，正面朝上，缝份向裤片烫倒，里料抚平，在裤片上压0.1cm明线。

（7）绱门襟拉链：将烫无纺黏合衬的门襟上口与门襟宝剑头腰头里下口正面相对缝合。用3cm宽45°的正斜丝滚条包滚门襟外口缝份边缘和门襟腰头里里侧。门襟正面与左前裤片正面相对，从下向上，以0.6～0.8cm缝份缝合。门襟摊开抚平，缝份向门襟一侧烫倒，沿缝线在门襟上缉0.1cm明止口线。门襟坐进0.2cm烫好翻向正面，将拉链拉上，里襟放平，门襟盖过里襟缉线（封口处0.2cm，上口0.5cm），将拉链布边与门襟贴边缝合。

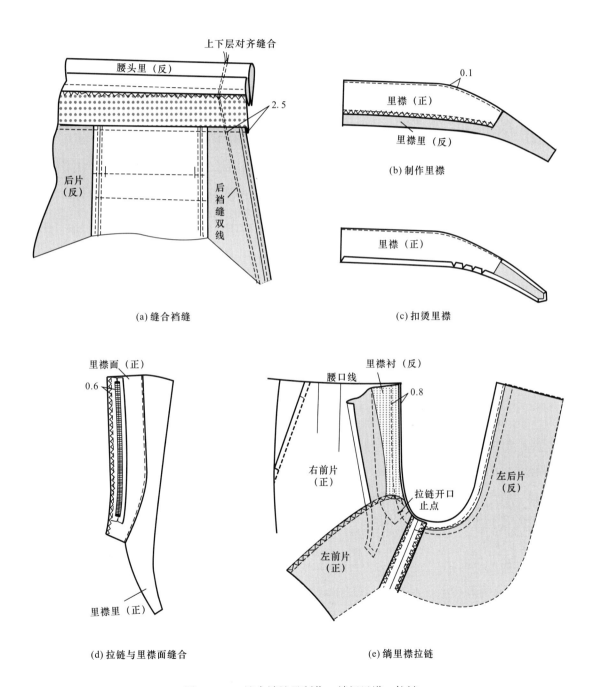

图2-2-19 缝合裆缝及制作、绱门里襟、拉链

10. 缀门、里襟腰头及钉四件钩扣，缉门襟线、腰头面

（1）钉四件钩扣：在门襟的腰头里处钉四件钩扣，位置上下以腰宽居中为标准，左右以前中线缩进1cm为宜。里襟的腰头面处装四件钩扣襻，上下左右位置与四件钩扣位置相适宜［图2-2-20（a）］。

（2）缝合门、里襟处的腰头：将前片门襟、里襟处腰头余下的7cm分别与裤片缝合。里襟腰头面、里正面相对缝合，修剪缝份并扣烫翻出，沿里襟止口将里襟腰头扣烫顺直。门襟滚边，宝剑头按净样缝合，长5.5cm，修剪缝份并扣烫、翻出烫平。

（3）缉门襟线：门襟正面向上放平，由圆头至腰口线按净样3.3cm宽缉线。为防止出现起皱，车缝时上层面料可用镊子推送或用硬纸板压着缉线。

（4）封口：将门、里襟下端圆头重叠并45°封口，封口长度1cm。最后将里襟里宝剑头与前、后裆缝的缝份用0.1cm明线车缝固定［图2-2-20（b）］。

（5）缉腰头面：将腰头面烫直、烫顺，缝腰缝份向腰头坐倒。腰头里翻起，用手针将腰头面、里衬固定，然后绷挺腰头面与裤身。自门襟开始，在缝腰线下0.1cm处缉漏落缝，将腰头里衬缉住。缉线时应注意上下层一致，上层面料应用镊子推送，下层里料当心起皱，要保证腰头面、里平服［图2-2-20（c）］。

（6）封串带襻：缝腰线下1.5cm处封串带襻下口，缉线来回4次，长度不超过串带襻宽。串带襻向上翻正1cm折光，上端距腰口边0.3cm处封口，缉明线来回4次。要求上封口线反面只缉住腰头面，而不能缉住腰头里［图2-2-20（d）］。

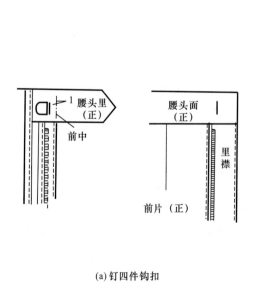

(a) 钉四件钩扣

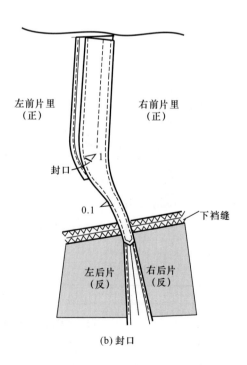

(b) 封口

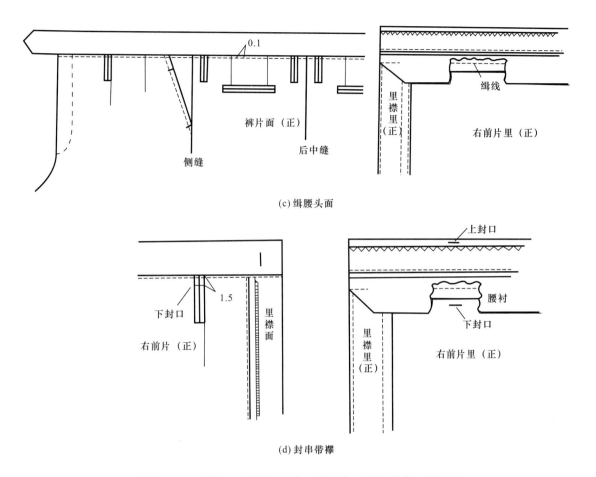

图2-2-20　绱门、里襟腰头及钉四件钩扣，缉门襟线、腰头面

11. 制作、绱贴脚条及烫、缲脚口

（1）扣烫贴脚条：长16cm，宽1cm［图2-2-21（a）］。

（2）绱贴脚条：将贴脚条与后裤脚口正面中线对齐，并放在脚口折边上，比脚口折边长出0.1cm，沿贴脚条四周车缝0.1cm明线［图2-2-21（b）］。

（3）烫、缲脚口：按线丁标记扣烫好裤脚口边，并沿其边手针假缝暂时固定折边，然后采用三角针法沿包缝线将脚口贴边与裤身缲牢。要求线迹松紧适宜，裤身只缲住一两根丝，裤脚口正面不露针迹［图2-2-21（c）］。

12. 手缲腰头里，锁眼、钉扣、打套结

（1）手缲腰头里：

①在后腰处将腰头里翻开，将2.5cm宽的腰头里后中缝折成三角状，并用暗缲针固定。

②在腰头里的两前片居中处、两后片居中处及两侧缝处，分别用手针攕缝，将腰头里、腰里衬、裤片固定。腰头里正面不露针迹。

（2）锁眼、钉扣、打套结：

①锁眼、钉扣：在两后袋嵌线下1cm居中处分别锁圆头眼1个，眼大1.7cm。然后在

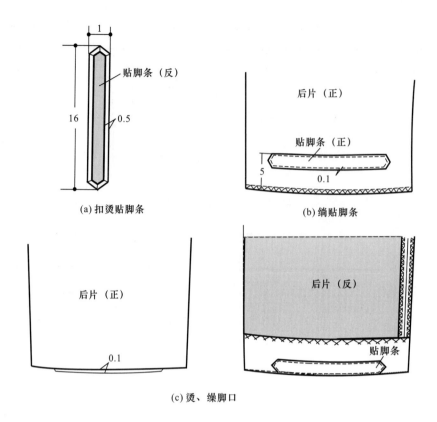

(a) 扣烫贴脚条

(b) 绱贴脚条

(c) 烫、缲脚口

图2-2-21 制作、绱贴脚条及烫、缲脚口

袋口里、袋垫布相应位置钉纽扣1粒，纽扣直径1.5cm。在门襟腰宽居中、宝剑头向内2cm处，锁圆头眼1个，眼大1.7cm；里襟一端正面相应位置钉纽扣1粒，纽扣直径1.5cm（图2-2-22）。

②打套结：采用套结机打套结。两斜插袋口上、下封口处4个，长度0.8cm；两后袋口封口处4个，长度1cm；小裆封口处1个，门、里襟下口圆头封口处1个，长度均为1cm。

13. 整烫

整烫前应将裤子上的线丁、线头、粉印、污渍清除干净。

（1）熨烫裤子内部：重烫分缝，将侧缝、下裆缝分开烫平，把袋布、腰头里烫平。然后在铁凳上将后中缝分开。

（2）熨烫裤子上部：将裤子翻到正面，先烫门襟、里襟、褶裥位，再烫斜插袋口、省道、后袋嵌线。熨烫时，应注意各部位丝缕是否顺直，如有不顺可用手轻轻抚顺，使各部位平挺圆顺。

（3）熨烫裤脚口：先将裤子的侧缝和下裆缝对齐，然后把脚口烫平齐。

（4）熨烫裤子前、后烫迹线：将侧缝和下裆缝对齐重烫。重烫裤子的前、后烫迹线，把烫迹烫平服。然后将裤子调头，熨烫另一条裤腿。烫完后应用裤架将裤子吊起晾干。

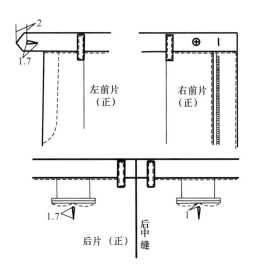

图2-2-22 锁眼、钉扣

七、缝制工艺质量要求及评分参考标准（总分100分）

（1）规格尺寸符合标准与要求（5分）。

（2）外形美观，整条裤子无线头（5分）。

（3）前、后袋口左右对称、平服，高低一致（20分）。

（4）腰头宽窄一致；腰头面、里顺直，无起皱现象（20分）。

（5）串带襻左右对称，高低一致（10分）。

（6）前门襟缉拉链平服，拉链不能外露；前、后裆缝无双轨（20分）。

（7）裤脚口平服不起吊；锁眼位置正确，钉扣符合要求（10分）。

（8）成衣整洁，不能有水迹，不能烫焦、烫黄；前、后烫迹线要烫实，后臀围按归拔原理烫出胖势，裤子放平时，符合人体要求（10分）。

第三节 男式牛仔裤制作工艺

一、概述

1. 款式分析

该款为缉腰男式休闲牛仔裤。前门襟缉拉链，2个前挖袋，右前挖袋装有零钱袋，并采用铆钉装饰；后片有分割育克，左、右各设计1个贴袋；腰头设有6个串带襻。牛仔裤款式如图2-3-1所示，局部平面展开图如图2-3-2所示。

2. 面料选择

该裤面料选用范围较广，各种中厚型棉布、灯芯绒、斜纹布、牛仔布均可。袋布可以选用棉布或涤棉漂白布。

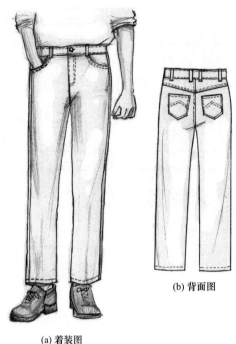

(b) 背面图

(a) 着装图

图2-3-1 男式牛仔裤款式图

3. 面、辅料参考用量

（1）面料：幅宽144cm，用量约120cm。用料估算公式为裤长＋20cm左右。

（2）辅料：无纺黏合衬适量，袋布约30cm，铜拉链1条，腰头纽扣1粒，装饰铆钉6粒。

注：此款裤子的制作工艺也适合女式牛仔裤，女式牛仔裤的制图参考规格、款式结构图、放缝图等见本章第四节。

4. 男士牛仔裤局部平面图

男士牛仔裤局部平面图如图2-3-2所示。

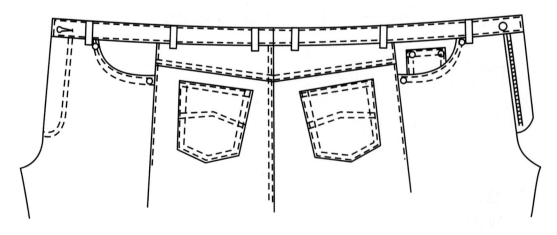

(a) 正面

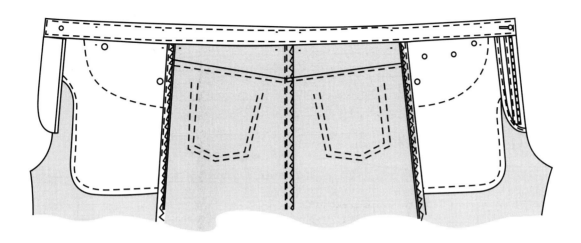

(b) 反面

图2-3-2 男式牛仔裤局部平面展开图

二、制图参考规格（不含缩率）

单位：cm

号/型	腰围（W） （放松量为2cm）	臀围（H） （型+18～20cm）	裤长	裤脚口围	直裆（含腰头宽）	腰头宽	串带襻（长/宽）
170/72A	72+2=74	72+20=92					
170/74A	74+2=76	74+20=94	101	43	27	4	9/1.7
170/76A	76+2=78	76+20=96					
175/76A	76+2=78	76+20=96					
175/78 A	78+2=80	78+20=98	104	44	27.5	4	9/1.7
175/80A	80+2=82	80+20=100					
180/80A	80+2=82	80+20=100					
180/82A	82+2=84	82+20=102	107	45	28	4	9/1.7
180/84A	84+2=86	84+20=104					

注 ①下装的型指净腰围，腰围制图尺寸可根据需要选择：净腰围+（0～2）cm。

②如紧身型牛仔裤，臀围的制图尺寸可选择：净腰围+18cm。

三、结构图

男式牛仔裤结构图如图2-3-3所示。

四、放缝、排料图

1. 面料放缝图

男式牛仔裤的面料放缝图如图2-3-4所示。

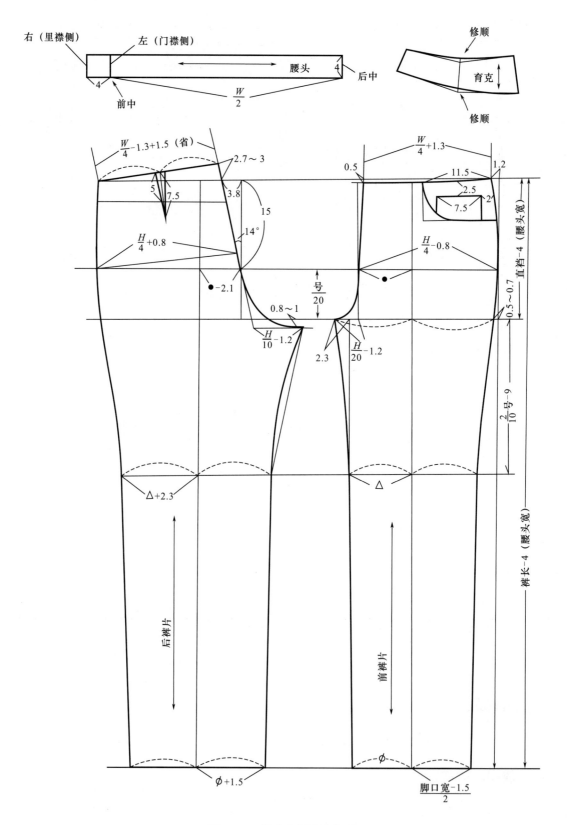

图2-3-3 男式牛仔裤结构图

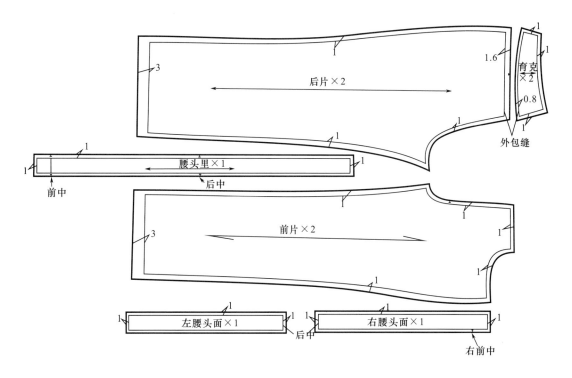

图2-3-4 面料放缝图

2. 零部件配置及放缝图

（1）后袋配置及放缝图如图2-3-5（a）所示。

（2）前挖袋配置及放缝图如图2-3-5（b）所示。

（3）袋垫布、门里襟、零钱袋配置及放缝图如图2-3-5（c）所示。

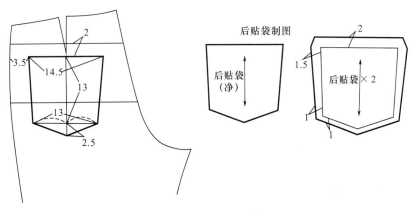

(a) 后袋配置及放缝

图2-3-5

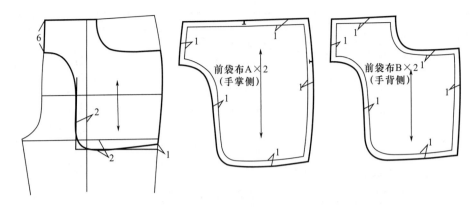

(b) 前挖袋配置及放缝

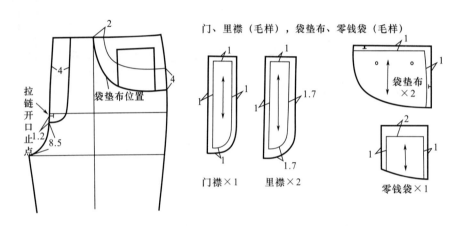

(c) 袋垫布、门里襟、零钱袋配置及放缝

图2-3-5 零部件配置及放缝图

3. 排料图

男式牛仔裤面料排料图如图2-3-6所示，前袋布、滚边布的排料如图2-3-7所示。

五、缝制工艺流程、缝制前准备

1. 缝制工艺流程

缝制、安装后贴袋→拼接后育克→缝合后裆缝→缝制前挖袋→门、里襟滚边→缝合门襟、前裆缝→绱拉链→车缝固定门襟、前裆缝缉明线→缝合下裆缝→缝合侧缝→缝制串带襻→装串带襻→缝制腰头→绱腰头、固定串带襻→车缝固定裤脚口→锁眼、钉扣、整烫

2. 缝制前准备

（1）针号：90/14号或100/16号。

（2）针距密度与用线：10~12针/3cm，面、底线均采用配色涤纶线。

（3）粘衬部位：腰头面、门襟、里襟。

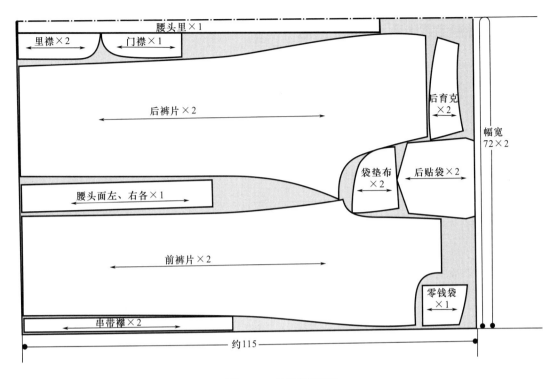

图2-3-6　面料排料图

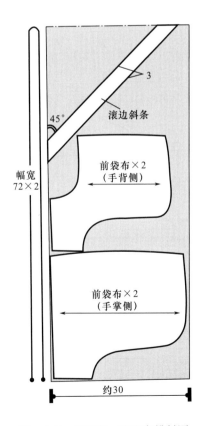

图2-3-7　前袋布、滚边布排料图

六、具体缝制工艺步骤及要求

1. 缝制、安装后贴袋

（1）扣烫、缝制后贴袋：先将后贴袋的上口三折边后车0.1cm和0.6cm的双明线，再根据需要在袋布上车缝装饰图案，然后按后贴袋净样扣烫袋布［图2-3-8（a）］。

（2）安装、固定后贴袋：将后贴袋放在后裤片的袋位处，车缝0.1cm和0.6cm的双明线固定［图2-3-8（b）］。

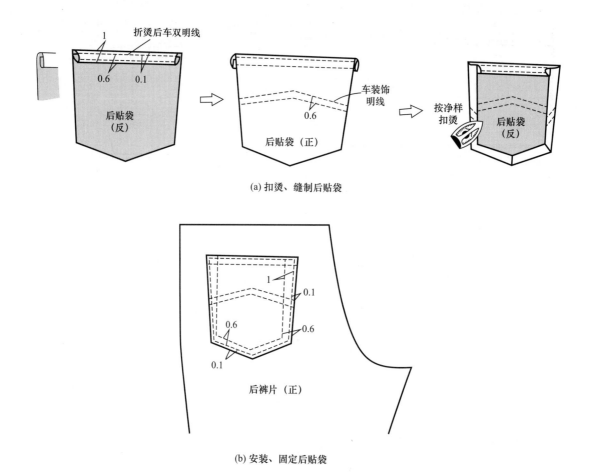

(a) 扣烫、缝制后贴袋

(b) 安装、固定后贴袋

图2-3-8 缝制、安装后贴袋

2. 拼接后育克

将后育克与后裤片按明包缝的方法车缝拼接，也可直接拼接后三线包缝（图2-3-9）。

3. 缝合后裆缝

将左、右两后裤片正面相对缝合后裆缝，缝份为1cm，注意左、右育克分割线须对位；再将右后裤片放上层三线包缝［图2-3-10（a）］，然后在左后裤片正面车缝0.1cm和0.6cm的双明线［图2-3-10（b）］。

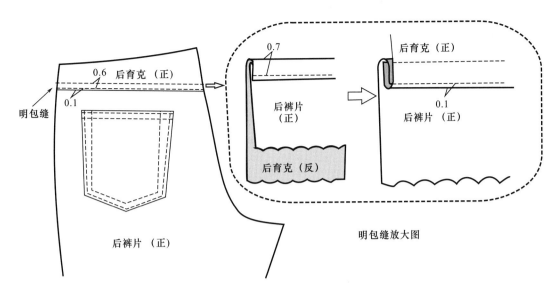

图2-3-9　拼接后育克

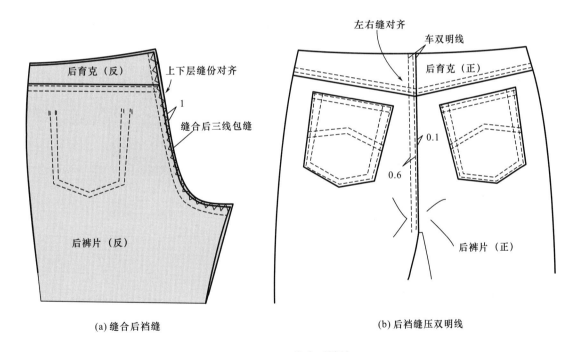

(a)缝合后裆缝　　　　　　　　　　　(b)后裆缝压双明线

图2-3-10　缝合后裆缝

4. 缝制前挖袋

（1）扣烫零钱袋：将零钱袋布的上口三折边后车缝0.1cm和0.6cm的双明线，再按净样扣烫袋布［图2-3-11（a）］。

（2）固定零钱袋布：零钱袋布只装在右袋垫布上，按袋位对齐下口，袋两侧车0.1cm和0.6cm的双明线；然后在袋垫布的圆弧处三线包缝。注意：左袋垫布由于不装零钱袋，故直接在袋垫布的圆弧处三线包缝［图2-3-11（b）］。

（3）车缝固定袋垫布：将袋垫布放在手掌侧的袋布上，对齐上口和侧边后车缝固定［图2-3-11（c）］。

（4）手背侧袋布与前裤片袋口缝合：先将手背侧袋布的反面与前裤片正面相对，对齐袋口车缝0.9cm的缝份，再在弧线处打斜向剪口；翻转裤片，袋口烫出里外匀，再在裤片正面袋口处车0.1cm和0.6cm的双明线［图2-3-11（d）］。

（5）缝合前挖袋袋布：先将前裤片袋口与袋垫布的刀口对位，核对两层袋布大小后将袋布下口用来去缝车缝固定。最后将侧缝和腰口按对位记号对齐后，将袋布按0.5cm车缝固定在腰口及侧缝上［图2-3-11（e）］。

5. 门、里襟滚边

（1）扣烫斜丝滚边布：将滚边布两侧折进0.6cm扣烫后，再对折烫出里外匀［图2-3-12（a）］。

（2）门襟滚边：门襟反面烫黏合衬后，沿外侧用滚边布滚边［图2-3-12（b）］。

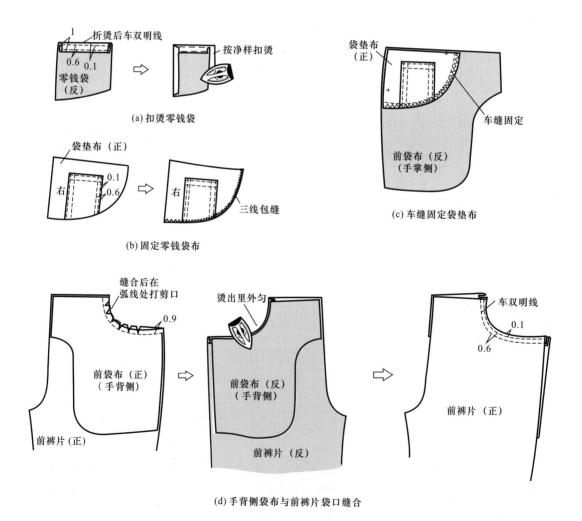

(a) 扣烫零钱袋

(b) 固定零钱袋布

(c) 车缝固定袋垫布

(d) 手背侧袋布与前裤片袋口缝合

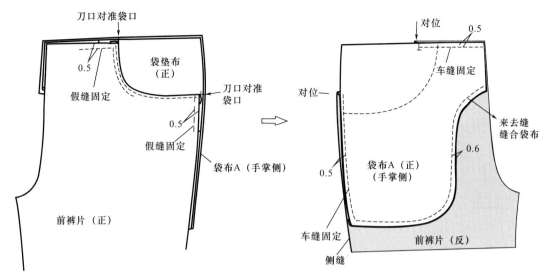

(e) 缝合前挖袋袋布

图2-3-11 缝制前挖袋

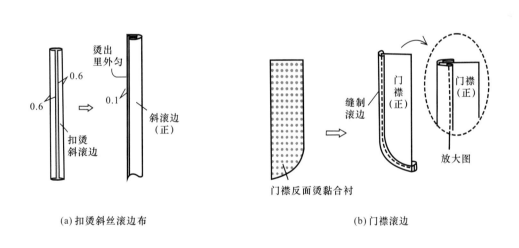

(a) 扣烫斜丝滚边布

(b) 门襟滚边

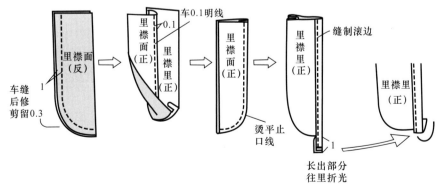

(c) 缝制里襟、里襟滚边

图2-3-12 门里襟滚边

（3）缝制里襟、里襟滚边：将里襟布的面、里正面相对，按1cm的缝份缝合外侧；然后修剪留0.3cm，翻到正面，在缝合处的正面将缝份向里襟面布一侧倒，沿止口车0.1cm固定；用熨斗烫平止口线，最后在里侧用滚边布滚边，注意下端滚边布要长出1cm左右，再向里折光［图2-3-12（c）］。

6. 缝合门襟、前裆缝

（1）三线包缝裤片前裆缝：分别把左、右前裤片的裆缝三线包缝［图2-3-13（a）］。

（2）门襟与左前裆缝缝合：将门襟放在左前裤片上，正面相对并对齐腰口和裤片前裆缝，按0.9cm的缝份缝合至开口止点［图2-3-13（b）］。

（3）缝合前裆缝：掀开门襟，把左、右前裤片正面相对，左前片放在上，对齐前裆缝，从门襟缝合线止口开始，按1cm的缝份缝合前裆缝［图2-3-13（c）］。

（4）门襟止口压明线：在左前片的裆缝处，将门襟向内折进，烫出平止口后，压0.1cm明线至开口止点［图2-3-13（d）］。

7. 绱拉链

（1）里襟与拉链缝合：将拉链放在里襟上，在距里襟外侧4.2cm处车缝。注意：拉链的金属下止动件要距里襟下端约2.5cm，避免在车缝固定门襟时机针碰到拉链的金属止动件［图2-3-14（a）］。

（2）里襟及拉链与右前开口缝合：右前裤片腰口处的裆缝折进0.8cm，开口止点处的裆缝折进0.5cm，将里襟及拉链放在下方，按0.1cm车缝固定。左前止口须盖住右前止口0.3～0.5cm［图2-3-14（b）］。

（3）拉链与门襟固定：将左前门襟止口盖住右前止口0.2～0.3cm，并对齐腰口，开口

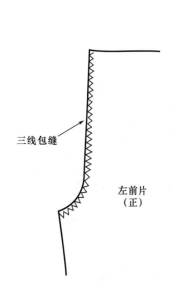

(a) 三线包缝裤片前裆缝

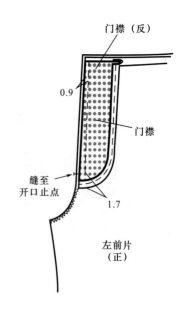

(b) 门襟与左前裆缝缝合

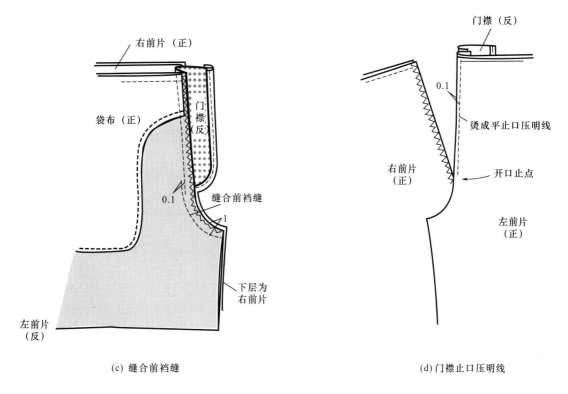

（c）缝合前裆缝

（d）门襟止口压明线

图2-3-13 缝合门襟、前裆缝

止点处抚平整，在距左前止口约0.3cm处用手针假缝上下层。然后翻到裤片的反面，将拉链布边与门襟车缝固定［图2-3-14（c）］。

8. 车缝固定门襟、前裆缝缉明线

（1）车缝固定门襟：将里襟反折，把左裤片与门襟按门襟净样车缝双明线固定，两

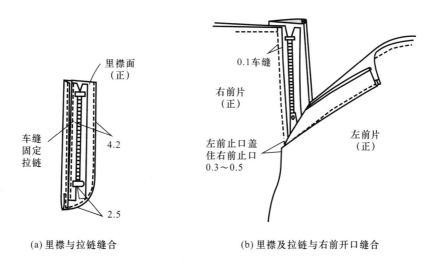

（a）里襟与拉链缝合

（b）里襟及拉链与右前开口缝合

图2-3-14

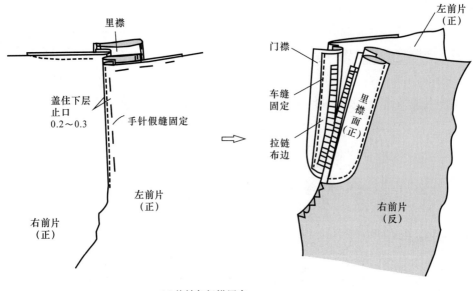

(c) 拉链与门襟固定

图2-3-14 绱拉链

线相距0.6cm，距开口止点0.5cm。注意：车缝线不能缝住里襟［图2-3-15（a）］。

（2）前裆缝缉明线：接着左前片的开口止点线缉前裆缝双明线，两线相距0.6cm；放平里襟后用套结机打套结加以固定［图2-3-15（b）］。

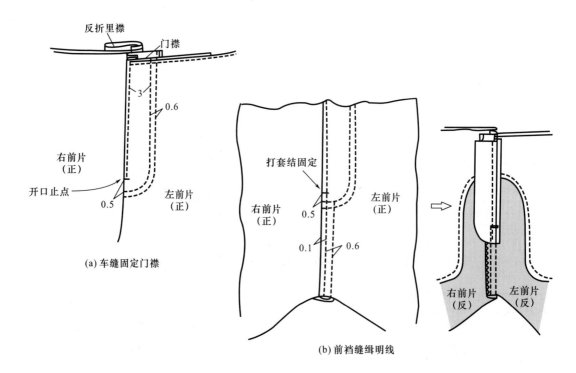

图2-3-15 车缝固定门襟、前裆缝缉明线

9. 缝合下裆缝

可选择在下裆缝或侧缝上车明线，若想在哪一侧有明线，则先缝合哪条线，本款选择在下裆缝上车明线。

（1）缝合下裆缝并三线包缝：将前、后裤片正面相对，对齐下裆缝后按1cm的缝份车缝，要求对准裤裆底；然后将后裤片向上三线包缝［图2-3-16（a）］。

（2）下裆缝压明线：将缝份倒向前裤片，在前裤片的正面，沿拼合线车缝0.1cm和0.6cm的双明线［图2-3-16（b）］。

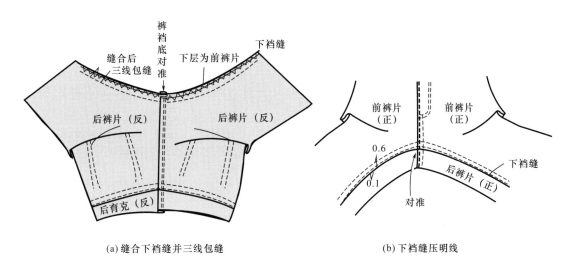

(a) 缝合下裆缝并三线包缝　　　　　　(b) 下裆缝压明线

图2-3-16　缝合下裆缝

10. 缝合侧缝

将前、后裤片正面相对，缝合侧缝后，前裤片向上三线包缝；再把裤子翻到正面，将缝份向后裤片倒，在后裤片上从腰口侧缝处开始沿侧缝的拼合线车缝至前袋口下12cm处，要求车0.1cm和0.6cm的双明线（图2-3-17）。

11. 缝制串带襻

先将串带襻布的两侧三线包缝，反面向上，两侧折烫后净宽1.7cm，在正面两侧各距折烫边0.5cm车缝固定。然后按9.5cm的长度剪出串带襻，共剪出6个（图2-3-18）。

12. 装串带襻

将串带襻反面向上，在裤片的腰口按图示位置依次放上6个串带襻。具体位置为：前裤袋口处

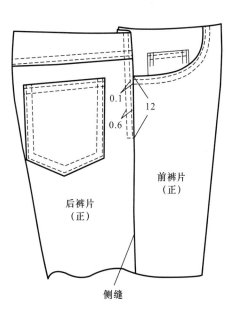

图2-3-17　缝合侧缝

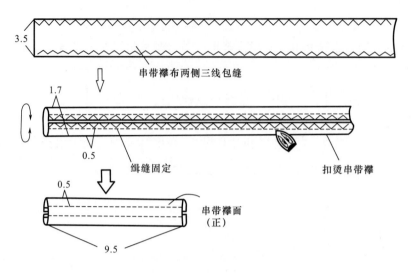

3.5

串带襻布两侧三线包缝

1.7

0.5

缉缝固定

扣烫串带襻

0.5

串带襻面
（正）

9.5

图2-3-18 缝制串带襻

左、右各一个，距后片裆缝线3cm处左、右各一个，前、后串带襻的中点左、右各一个。
然后在距裤腰口0.5cm处车缝固定串带襻（图2-3-19）。

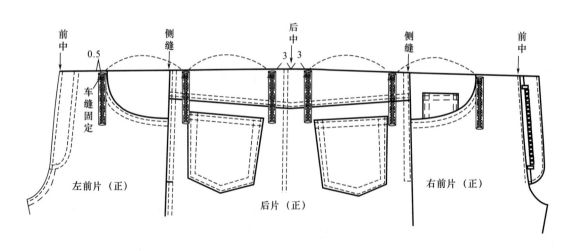

前中 0.5 侧缝 后中 3 3 侧缝 前中

车缝固定

左前片（正） 后片（正） 右前片（正）

图2-3-19 装串带襻

13. 缝制腰头

（1）缝合腰头面后中：先在左、右腰头面的反面烫上黏合衬，然后将左、右腰头面
正面相对，按1cm的缝份缝合后中缝［图2-3-20（a）］。

（2）缝合面、里腰上口：先将腰头里的绱腰口按0.9cm扣烫，再将腰头里和腰头面正
面相对，对齐腰上口后按0.9cm车缝［图2-3-20（b）］。

（3）熨烫腰上口：将腰头翻到正面，腰头里向上，将腰口烫出里外匀［图2-3-20
（c）］。

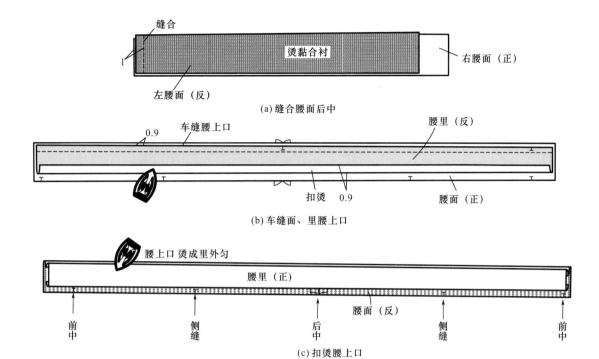

图2-3-20 缝制腰头

14. 绱腰头、固定串带襻

（1）绱腰头面：将腰头面与裤片正面相对，并使腰头面的对位记号对准裤片腰口线上的相应位置，然后按1cm的缝份车缝［图2-3-21（a）］。

（2）缝合腰头两端：将腰头面和腰头里正面相对，两端距门、里襟边端各0.1cm，车缝固定［图2-3-21（b）］。

（3）翻烫腰头两端：修剪腰头两端的缝份留0.5cm，然后将腰头翻到正面，腰头两端烫出里外匀，并要求腰头两端分别与门、里襟平直，腰头两端上口方正［图2-3-21（c）］。

（4）绱腰头里：在裤子正面，将腰头整理平整，将腰头面与裤子的腰口线压0.1cm的明线固定，同时要缝住腰头里0.2cm；然后沿腰头两端、腰头上口压0.1cm的明线［图2-3-21（d）］。

（5）固定串带襻：将串带襻向上翻，并折进1cm，用套结机打套结固定串带襻上、下两端［图2-3-21（e）］。

15. 车缝固定裤脚口

先折烫裤脚口1cm，再折烫2cm，在裤脚口反面沿折烫边车缝0.1cm固定，要求正面明线宽窄一致，接线在下裆缝后侧（图2-3-22）。

16. 锁眼、钉扣、整烫

（1）锁眼：在腰头门襟处锁一个圆头眼，距边端1cm，眼大=扣直径+扣厚度（图2-3-23）。

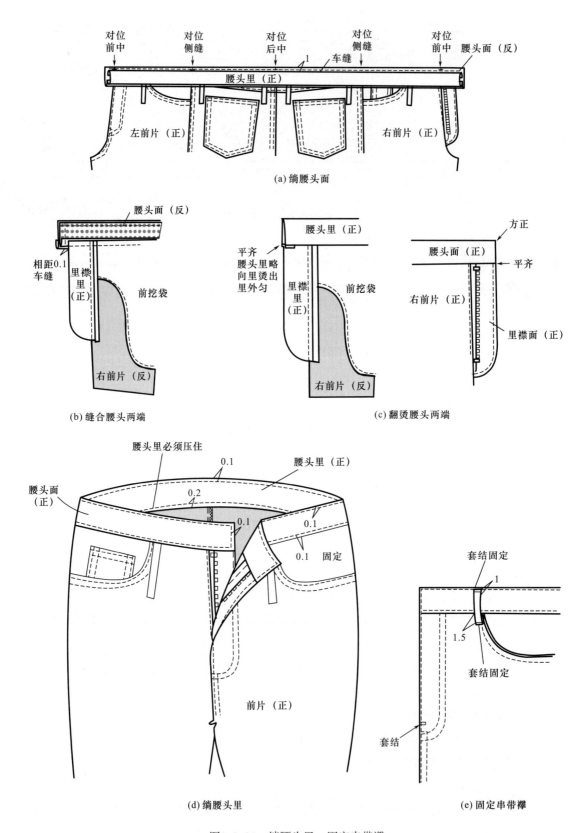

图2-3-21 绱腰头里、固定串带襻

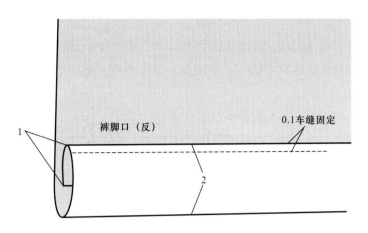

图2-3-22 车缝固定裤脚口

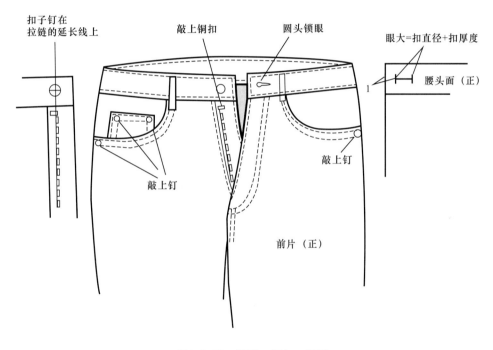

图2-3-23 锁眼、钉扣、整烫

（2）钉扣：纽扣钉在里襟拉链的延长线上。铆钉敲在零钱袋上口两端及前挖袋口下两端（图2-3-23）。

（3）整烫：用熨斗将各条缝份、裤腰头及裤脚口烫平整。

七、缝制工艺质量要求及评分参考标准（总分100分）

（1）后贴袋大小一致，袋位高低一致，左、右对称；育克线左、右对称（15分）。

（2）前挖袋松紧适宜，大小一致，袋位高低一致，左、右对称（15分）。

（3）下裆缝和侧缝顺直，臀部圆顺，两裤脚长短、大小一致（10分）。

（4）串带襻位置正确，腰头左、右对称，宽窄一致，腰头里、腰头面平服，止口不反吐（20分）。

（5）门、里襟长短一致，拉链平顺（20分）。

（6）缉线顺直，无跳线、断线现象，尺寸吻合（10分）。

（7）各部位熨烫平整（10分）。

第四节　女式低腰牛仔裤制作工艺

一、概述

1. 款式分析

该款为绱腰式弧型腰头、直裆较短、臀部紧身、窄裤脚口的女式低腰牛仔裤。腰头装5个串带襻，上下用套结固定。前中开门襟绱拉链，前后裤片无裥、无省道。前片左、右各设一月亮袋，右侧袋内有一个零钱袋，后片贴袋左、右各一，后片上部有育克分割，款式如图2-4-1所示。

2. 面料选择

面料选用砂洗全棉牛仔布或卡其布等中厚型棉布均适合，含有氨纶的弹力斜纹布更能体现牛仔裤的紧身造型。夏季的牛仔裤还可选用平纹类牛津布。

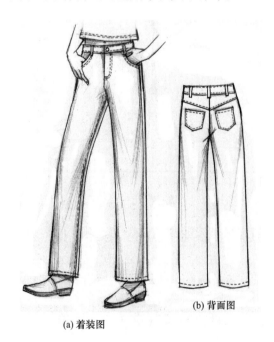

(a) 着装图　　(b) 背面图

图2-4-1　女式低腰牛仔裤款式图

3．面、辅料参考用量

（1）面料：幅宽150cm，用料估算公式为裤长+5cm左右。

（2）辅料：白色纯棉布（制作袋布），用料20cm左右，幅宽90cm；12cm长铜拉链1条，铆钉6个，铜扣1副，牛仔线1团。

二、制图参考规格（不含缩率）

单位：cm

号/型	腰围（W） （放松量为6cm）	臀围（H） （放松量为4cm）	裤长	裤脚口围	直裆（含 腰头宽）	腰头宽	串带襻 （长/宽）
155/62A 155/64A 155/66A	62+6=68 64+6=70 66+6=72	84+4=88 86+4= 90 88+4=92	92	29	20.5	4	7/1.2
160/66A 160/68A 160/70A	66+6=72 68+6=74 70+6=76	88+4=92 90+4=94 92+4=96	95	30	21	4	7/1.2
165/70A 165/72A 165/74A	70+6=76 72+6=78 74+6=80	92+4=96 94+4=98 96+4=100	98	31	21.5	4	7/1.2

注 ①下装的型指净腰围，由于是低腰，腰围制图尺寸可根据低腰的程度选择，本款为净腰围尺寸+6cm左右。
②臀围制图尺寸根据款式紧身程度、面料是否有弹性等因素进行设计，通常为净臀围尺寸+（0~4）cm。
③直裆制图尺寸可根据低腰的程度作适当调整。

三、结构图

1．前、后裤片结构图（图2-4-2）

2．弧型腰头、后育克的处理（图2-4-3）

3．前袋布、袋垫布、零钱袋结构图（图2-4-4）

四、放缝、排料图

女式低腰牛仔裤放缝、排料的具体方法参考本章第三节"男式牛仔裤制作工艺"。

五、缝制工艺流程、缝制前准备

女式低腰牛仔裤的缝制工艺流程和缝制前准备参考本章第三节"男式牛仔裤制作工艺"。

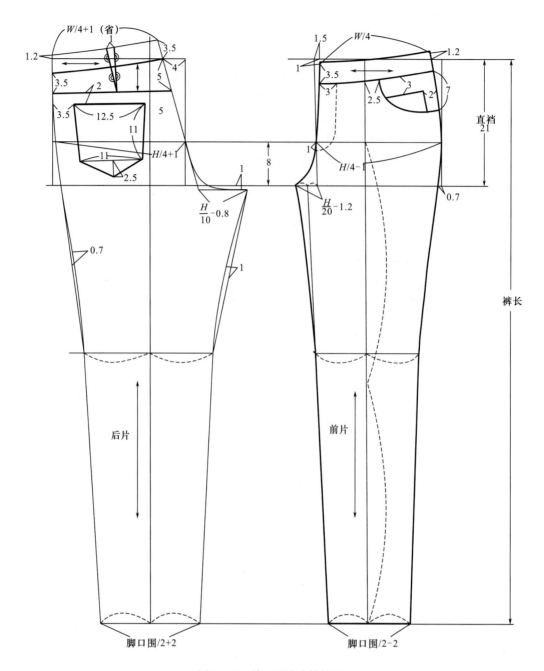

图2-4-2　前、后裤片结构图

六、具体缝制工艺步骤及要求

女式低腰牛仔裤的具体缝制工艺步骤及要求参考本章第三节"男式牛仔裤制作工艺"。下面介绍缝制串带襻、弧型腰头和绱腰头的方法。

1. 缝制串带襻

在串带襻一侧三线包缝，如图2-4-5所示，折烫后在两侧各车缝一道明线，距边

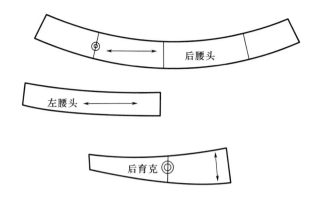

图2-4-3　弧型腰头、后育克处理图

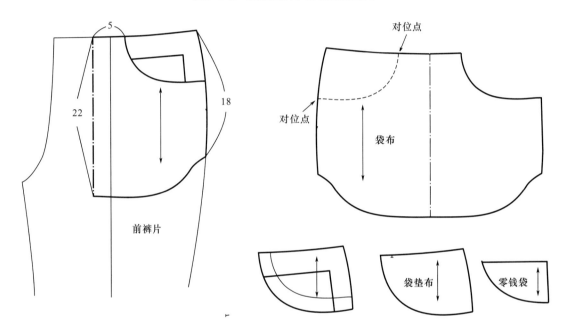

图2-4-4　前袋布、袋垫布、零钱袋结构图

0.2cm，然后剪出5个串带襻，每个长8cm、宽1～1.2cm。之后在裤片的腰口线上固定串带襻，具体位置参见图2-1-2"女西裤局部平面图"。

2. **缝制弧型腰头**

先在腰头面反面烫黏合衬，并向里侧折烫腰头面下口缝份1cm，再将腰头面与腰头里正面相对，如图2-4-6所示车缝1cm，然后修剪缝份到0.5cm。在腰头弧线处打剪口，翻到正面烫平，最后在腰头上做绱腰头对位标记。

3. **绱腰头**

先核对腰头的对位记号与裤片腰口线的相应位置是否对齐，再用大头针固定腰头里与裤片，按0.9cm的缝份车缝。然后翻出正面整理绱腰头的缝份，将缝份塞入腰头后如图2-4-7所示车缝固定腰头面与裤片，同时车缝固定串带襻。

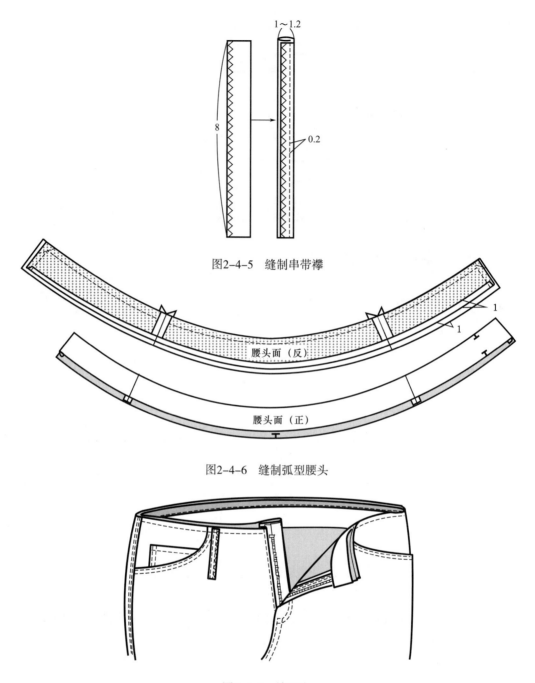

图2-4-5 缝制串带襻

图2-4-6 缝制弧型腰头

图2-4-7 绱腰头

作业布置

按照具体的裤子款式，选购合适的面、辅料，在教师的指导下，按缝制质量要求完成裤子成品的缝制。

衬衫制作工艺

课程名称： 衬衫制作工艺

课程内容： 女衬衫制作工艺

短袖休闲男衬衫制作工艺

长袖经典男衬衫制作工艺

上课时数： 52 课时

教学目的： 使学生理论联系实际，帮助其提高动手实践能力，验
证样板与工艺之间的配伍关系，为服装专业相关课程
的学习提供帮助。

教学方法： 结合视频，采用理论教学与实际操作演示相结合的教
学方法。要求学生有足够的课外时间进行操作训练，
建议课内外课时比例达到 1 ∶ 1 以上。

教学要求： 使学生了解女衬衫、短袖休闲男衬衫、长袖经典男衬
衫的面辅料选购要点，掌握各衬衫样板放缝要点、排
料方法、缝制工艺流程及具体的缝制方法与技巧、熨
烫方法、缝制工艺质量要求等内容，并能做到触类
旁通。

第三章　衬衫制作工艺

第一节　女衬衫制作工艺

一、概述

1.款式分析

该款为合体型女衬衫，男式衬衫领、右侧为明门襟、左侧门襟贴边内折车缝固定，前中设6粒纽扣；前后衣身收通底腰省、前衣片收腋下省，省道压0.1cm装饰单线；长袖、圆角袖克夫、大小袖衩，圆弧底边。款式如图3-1-1所示。

2.面料选择

该款女衬衫选用素色或碎花的纯棉织物或棉混纺织物较为适合。

3.面、辅料参考用量

（1）面料：幅宽144cm，用量约130cm（包括缩水率）。用料估算公式为衣长+袖长+10cm。

（2）辅料：黏合衬65cm，纽扣10粒。

(a) 着装图　　　　　(b) 背面图

图3-1-1　女衬衫款式图

二、制图参考规格（不含缩率）

单位：cm

号/型	后中长	背长	肩宽（S）	胸围（B）（放松量为8~10cm）	腰围（W）	领围（N）	袖长（含袖克夫宽）	袖克夫（长/宽）
155/76A			35	76+8=84	72	33.4		
155/80A	59	36	36	80+8=88	74	34.2	56.5	19/6
155/84A			37	84+8=92	76	35		
160/80A			37	80+8=88	74	34.2		19.5/6
160/84A	61	37	38	84+8=92	76	35	58	20/6
160/88A			39	88+8=96	78	35.8		20.5/6

续表

号/型	后中长	背长	肩宽 (S)	胸围（B）（放松量为8~10cm）	腰围(W)	领围(N)	袖长（含袖克夫宽）	袖克夫（长/宽）
165/80A			37	80+8=88	74	34.2		19.5/6
165/84A	63	38	38	84+8=92	76	35	59.5	20/6
165/88A			39	88+8=96	78	35.8		20.5/6

注 衬衫胸围的放松量可根据款式的合体程度选择，合体型衬衫放松量为8~10cm。

三、结构图

女衬衫的结构图如图3-1-2所示。

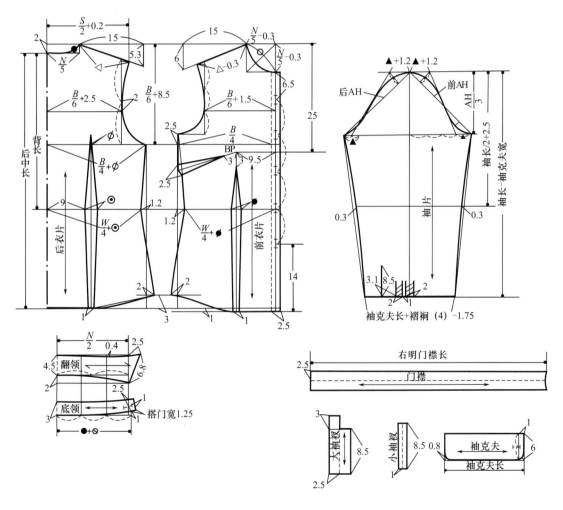

图3-1-2 女衬衫结构图

四、放缝、排料图

1. 放缝图

女衬衫的放缝图如图3-1-3所示。

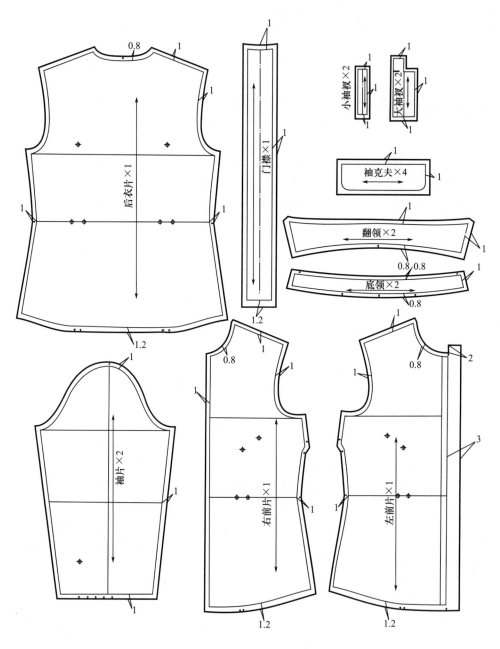

图3-1-3　女衬衫放缝图

2. 排料图

女衬衫的排料图如图3-1-4所示，黏合衬的排料图如图3-1-5所示。

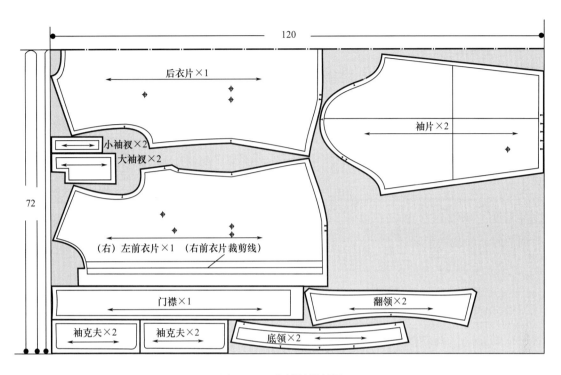

图3-1-4 女衬衫排料图

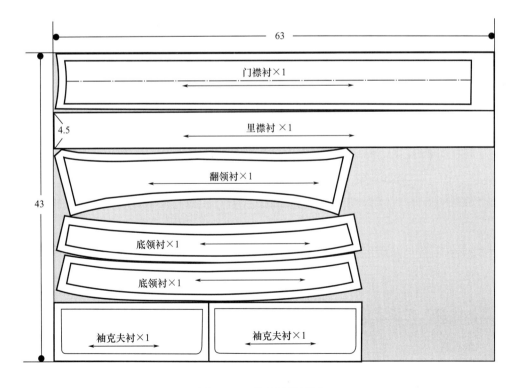

图3-1-5 黏合衬排料图

五、缝制工艺流程、缝制前准备

1. 缝制工艺流程

画省道 → 缝制门、里襟 →缝合前、后衣片省道并烫省→ 缝合肩缝并三线包缝→ 缝制翻领 → 翻领、底领的缝合 → 绱领子 → 缝制袖衩、装袖衩 → 固定袖口褶裥 → 绱袖子并三线包缝 → 缝合袖底缝、侧缝并三线包缝→ 缝制袖克夫 → 绱袖克夫 → 缝制底边 → 锁眼、钉扣 → 整烫

2. 缝制前准备

（1）针与线：在缝制前需选用与面料相适应的针号和线，调整底、面线的松紧度及线迹密度。针号：80/12～90/14号。针距密度：14～16针/3cm。底、面线均用配色涤纶线并调节底、面线松紧度。

（2）黏合衬：在领、袖克夫和门、里襟处烫黏合衬（图3-1-6）。

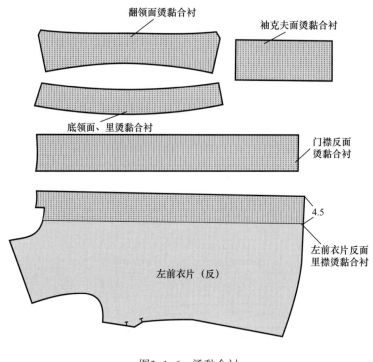

翻领面烫黏合衬

袖克夫面烫黏合衬

底领面、里烫黏合衬

门襟反面烫黏合衬

4.5

左前衣片反面里襟烫黏合衬

左前衣片（反）

图3-1-6 烫黏合衬

六、具体缝制工艺步骤及要求

1. 画省道

在前、后衣片的反面按样板点位画出省道（图3-1-7）。

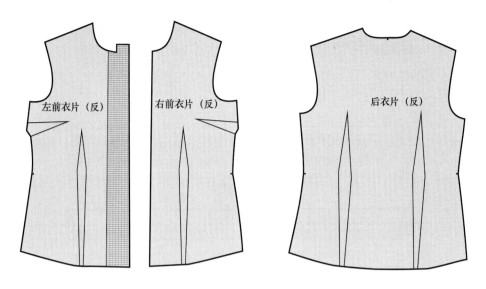

图3-1-7　画省道

2. 缝制门、里襟

（1）缝制里襟：左前衣片反面向上，在里襟处扣烫1cm后，按剪口位置折烫里襟贴边2cm，然后车缝固定（图3-1-8）。最后将里襟领口处多出的量按领口线修剪好。

（2）缝制门襟：

①扣烫门襟：门襟反面向上，先扣烫1cm，再折烫2.5cm，最后包转门襟里的缝份，将门襟烫出里外匀［图3-1-9（a）］。

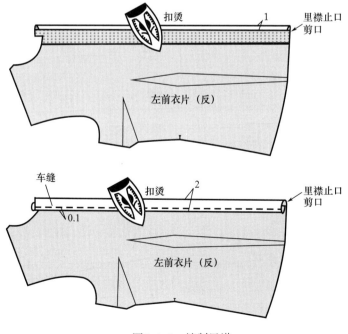

图3-1-8　缝制里襟

②绱门襟：右前衣片正面向上，将门襟夹住衣片1cm，上下对齐后，再车缝固定。最后在门襟止口处车缝0.1cm的明线［图3-1-9（b）］。

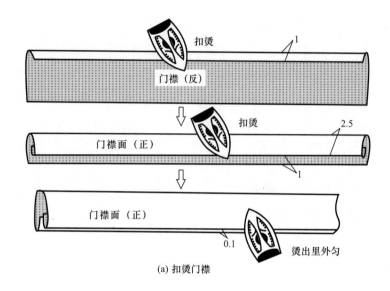

(a) 扣烫门襟

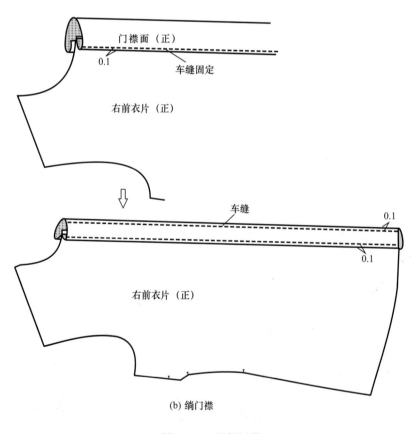

(b) 绱门襟

图3-1-9 缝制门襟

3. 缝合前衣片省道

（1）缝合腋下省：按腋下省的剪口缝合腋下省，要求缝至省尖时缝线留出10cm左右，将缝线打结后再剪断［图3-1-10（a）］。

（2）缝合腰省：按省道的点位和衣底边的剪口缝合腰省，省尖处理同腋下省［图3-1-10（b）］。

（3）熨烫省道：腋下省向袖窿方向烫倒，腰省向前中烫倒［图3-1-10（c）］。

（4）省道缉明线：在衣片的正面，沿省缝缉0.1cm的装饰明线［图3-1-10（d）］。

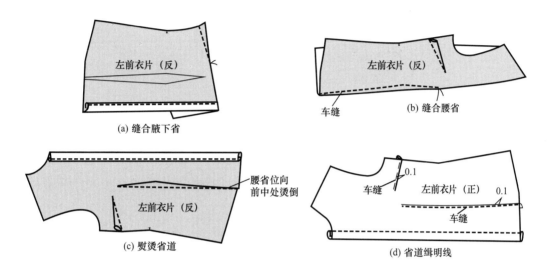

图3-1-10　缝合前衣片省道

4. 缝合后衣片省道

先按衣片的省位缝合腰省，再将腰省向后中烫倒，在衣片的正面沿省缝缉0.1cm的装饰明线（图3-1-11）。

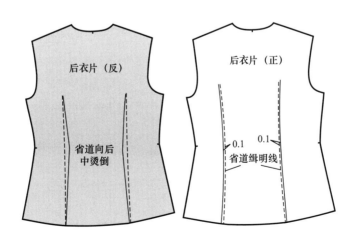

图3-1-11　缝合后衣片省道

5.缝合肩缝并三线包缝

将前、后衣片正面相对，对齐前、后肩缝线，按1cm的缝份缝合，然后将前衣片向上，三线包缝肩缝线，最后把缝份向后片烫倒（图3-1-12）。

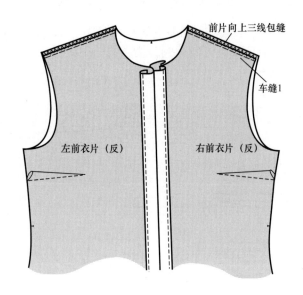

图3-1-12 缝合肩缝并三线包缝

6.缝制翻领

（1）净样板画线：在翻领面的反面按净样板画线［图3-1-13（a）］。

（2）缝合翻领：将翻领的面、里正面相对，领面向上，沿净样线缝合翻领。要求在领角处领面稍松、领里稍紧，使领角形成窝势。

（3）修剪、扣烫缝份：先将领角的缝份修剪留出0.2cm，将领面向上，沿缝线扣烫后，翻到正面，将领里止口烫出里外匀。注意：左右领角长度一致并对称［图3-1-13（b）］。

（4）领止口缉明线：将领面向上，沿领止口缉0.2cm的明线［图3-1-13（c）］。

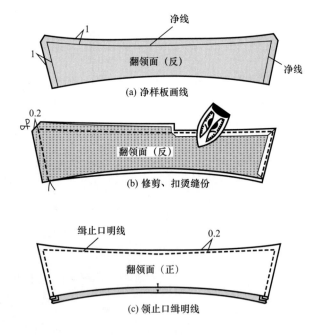

图3-1-13 缝制翻领

7.翻领、底领的缝合

（1）净样板画线并扣烫领下口线：在底领面的反面按净样板画线，然后按净线扣烫领下口线0.8cm，再缉线0.7cm固定［图3-1-14（a）］。

（2）缝合翻领与底领：将缝制好的翻领夹在两片底领的中间，翻领面与底领面、翻领里与底领里正面相对，并准确对齐三者的左右装领点、后中点，再按净线缝合，缝份为0.8cm［图3-1-14（b）］。

（3）修剪、翻烫领子：修剪底领的领角留出0.2cm缝份，再将领子翻到正面。注意底领角须翻到位，并检查领子左右对称后，将领角烫成平止口。最后在距翻领左、右装领点3cm间缉0.1cm的明线固定，起针和止针不必回针［图3-1-14（c）］。

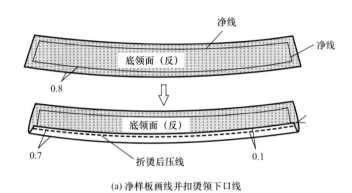

(a) 净样板画线并扣烫领下口线

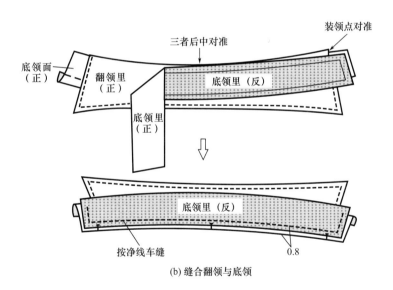

(b) 缝合翻领与底领

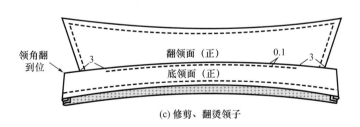

(c) 修剪、翻烫领子

图3-1-14　翻领、底领的缝合

8. 绱领子

（1）缝合底领里与衣片：底领面在上，底领里与衣片正面相对，在衣片领口处将后中点、左右颈侧点对准底领里的后中点、左右颈侧点，并按净线0.8cm的缝份缝合。要求绱领的起止点必须与衣片的门、里襟上口对齐，领口弧线不可抽紧起皱［图3-1-15（a）］。

（2）缉领子明线：将底领面盖住底领里缝线，接着翻领、底领的缝合明线的一侧连续车缝0.1cm至底领面的领下口线到另一侧为止。要求两侧接线处缝线不双轨，底领里处的领下口缝线不超过0.3cm［图3-1-15（b）］。

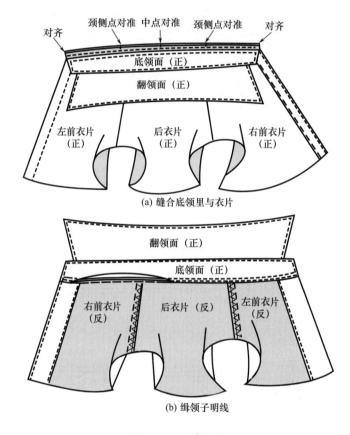

(a) 缝合底领里与衣片

(b) 缉领子明线

图3-1-15 绱领子

9. 缝制袖衩、装袖衩

（1）画袖衩、褶裥位：在袖片的反面按样板画出袖衩位置和褶裥位置，将两片袖片正面相对，对齐后把袖衩位置的Y形剪开，褶裥位置打剪口（图3-1-16）。

（2）扣烫大、小袖衩：

①小袖衩扣烫成1cm宽，面、里烫出里外匀［图3-1-17（a）］。

②大袖衩扣烫成2.5cm宽，注意角部要方正，面、里烫出里外匀［图3-1-17（b）］。

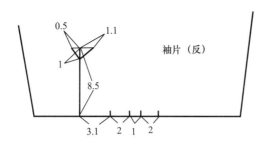

图3-1-16 画袖衩、褶裥位

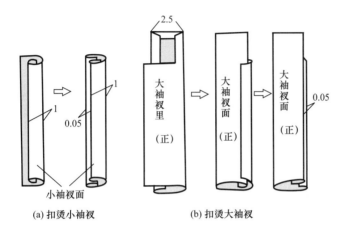

(a) 扣烫小袖衩　　　　(b) 扣烫大袖衩

图3-1-17 扣烫大、小袖衩

（3）装袖衩：

①袖片正面向上，将小袖衩夹住Y形剪口的一侧，下层比上层多出0.05cm［图3-1-18（a）］。

②沿小袖衩面的边缘车缝0.1cm固定［图3-1-18（b）］。

③将大袖衩展开，正面向上，在距大袖衩里上口1cm处画一条直线［图3-1-18（c）］。

④将大袖衩放在小袖衩下方，上口的画线对准袖片Y形剪口，沿Y形剪口的三角，车缝三道线固定，不要出现双轨［图3-1-18（d）］。

⑤将大袖衩翻出，整理平整［图3-1-18（e）］。

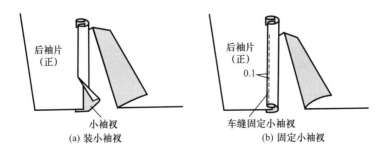

(a) 装小袖衩　　　　(b) 固定小袖衩

图3-1-18

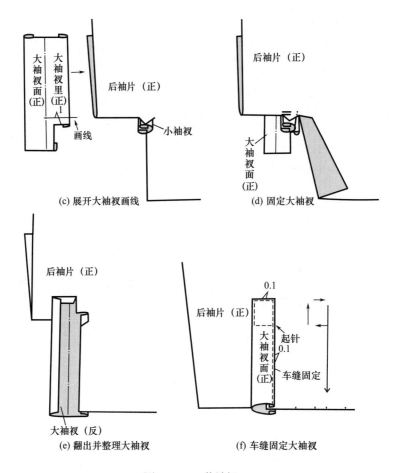

图3-1-18　装袖衩

⑥车缝固定大袖衩，从Y形剪口的对应位置起针，车缝路径如图3-1-18（f）所示。

10. 固定袖口褶裥

在袖口处按褶裥剪口折叠褶裥，并向袖衩方向折倒，然后距袖口边0.8cm车缝固定褶裥（图3-1-19）。

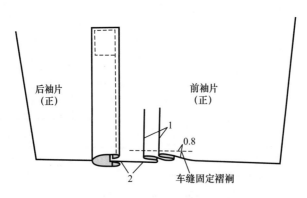

图3-1-19　固定袖口褶裥

11. 绱袖子并三线包缝

（1）长针距车缝袖山线：在袖片反面，将针距放长，距袖山线0.7cm车缝，要求距袖底点6～7cm不缝［图3-1-20（a）］。

（2）抽缩袖山吃势：将袖山的一根缝线稍抽紧，并把袖山整理成窝状；袖中点对准衣片的肩点，使抽缩后的袖山线与衣片的袖窿线等长［图3-1-20（b）］。

（3）绱袖子：袖中点与衣片的肩点对准、袖底点与衣片的袖窿底点对齐，再对齐衣片的袖窿线和袖子的袖山线，按1cm缝份车缝［图3-1-20（c）］。

（4）三线包缝：将衣片放上层，三线包缝袖窿缝合线［图3-1-20（d）］。

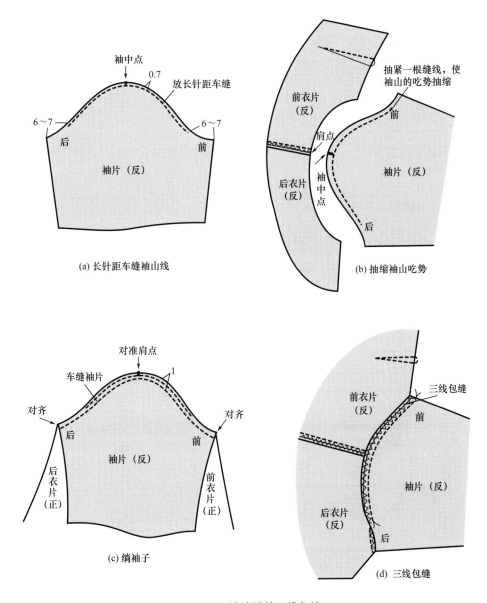

图3-1-20　绱袖子并三线包缝

12. 缝合袖底缝、侧缝并三线包缝

将袖底缝和前衣片、后衣片的侧缝对齐，袖窿底点对准，从衣底边处开始连续车缝衣片的侧缝和袖底缝，注意袖山的缝份倒向袖子一侧。然后将前衣片反面向上，三线包缝衣片侧缝和袖底缝。最后将缝份向后片烫倒（图3-1-21）。

13. 缝制袖克夫

（1）按净样画线：将袖克夫面的反面向上，上口折烫1cm后按0.8cm车缝。然后在上面按净样板画线［图3-1-22（a）］。

（2）车缝袖克夫面、里：将袖克夫面、里相对，袖克夫面放上层，袖克夫里多出1cm缝份折转盖住袖克夫面上口的缝份，最后沿净线车缝周边［图3-1-22（b）］。

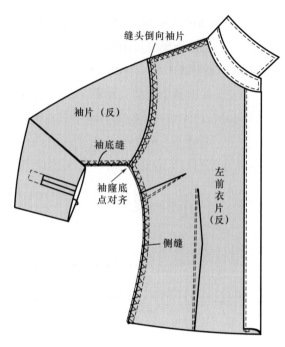

图3-1-21 缝合袖底缝、侧缝并三线包缝

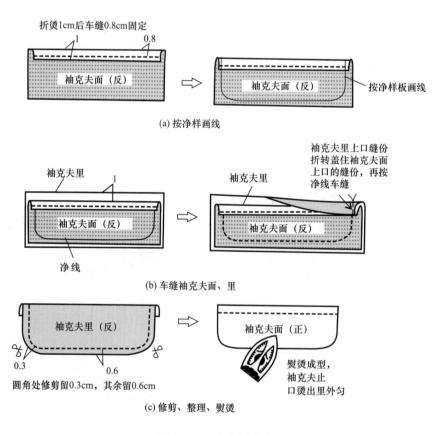

图3-1-22 缝制袖克夫

（3）修剪、整理、熨烫：修剪缝份，圆角处缝份留出0.3cm，其余缝份留0.6cm，然后将袖克夫翻到正面，整理成型后，烫出里外匀〔图3-1-22（c）〕。

14. 绱袖克夫

将袖克夫夹住袖口缝份1cm，沿边0.1cm车缝固定，其余三边缉0.6cm的明线（图3-1-23）。

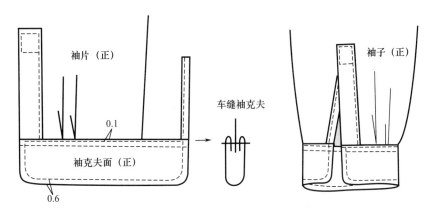

图3-1-23　绱袖克夫

15. 缝制底边

先检查衣片门、里襟是否长度一致；然后将衣底边折两折，第一次折0.5cm，第二次折0.7cm；再沿第一次折边车缝0.1cm固定（图3-1-24）。

16. 锁眼、钉扣

（1）袖衩、袖克夫锁眼、钉扣：在左、右袖的大袖衩和袖克夫上各锁扣眼1个，小袖衩上各钉纽扣1粒〔图3-1-25（a）〕。

（2）门、里襟锁眼、钉扣：在门襟上锁扣眼5个、底领角锁扣眼1个；在对应的里襟上钉纽扣5粒，底领角钉纽扣1粒〔图3-1-25（b）〕。

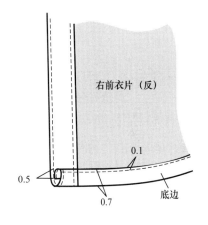

图3-1-24　缝制底边

17. 整烫

整件衬衫缝制完毕，先修剪线头、清除污渍，再用蒸汽熨斗进行熨烫。首先上领里在上，沿领止口将上领熨烫平服。要求领角有窝势、不反翘，与下领贴合，翻转自如。其次熨烫袖片（袖克夫、袖衩、抽褶裥）、袖缝。最后熨烫大身，衣片反面在上，从里襟起，经后衣片至门襟，分别将衣身、底边等熨烫平整，然后扣上纽扣，熨烫肩、侧缝，折叠成型。

七、缝制工艺质量要求及评分参考标准（总分100分）

（1）领子平服，两领角长短一致，领角不反翘，缉线圆顺对称，绱领平整、左右对

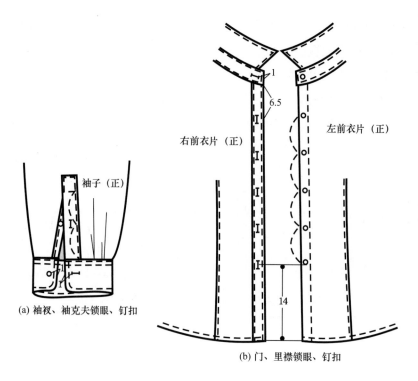

(a) 袖衩、袖克夫锁眼、钉扣

右前衣片（正）

左前衣片（正）

1

6.5

14

(b) 门、里襟锁眼、钉扣

图3-1-25 锁眼、钉扣

称（25分）。

（2）门、里襟平服且长短一致、缉线顺直（10分）。

（3）省位左右对称，正面压线顺直（10分）。

（4）缉袖吃势均匀，袖长左右对称，左右袖克夫长短、宽窄一致（20分）。

（5）袖衩平整不露毛、袖克夫高低一致，左右对称（20分）。

（6）锁眼、钉扣位置准确（10分）。

（7）成衣无线头，整洁、美观（5分）。

第二节 短袖休闲男衬衫制作工艺

一、概述

1. 款式分析

该款为时尚休闲短袖衬衫，修身造型，适合年轻男士穿着。男式衬衫领、左侧门襟外翻、右侧门襟贴边内折车缝固定，前中设7粒纽扣；前、后衣身的肩部有育克设计，后衣身收腰省；袖口翻边缉明线，圆弧下摆。款式如图3-2-1所示。

2. 面料选择

该款衬衫较适合选用素色、碎花或格子的纯棉织物或棉混纺织物。

3. 面、辅料参考用量

（1）面料：幅宽144cm，用量约130cm（包括缩率）。用料估算公式为衣长+袖长×2+15cm。

（2）辅料：黏合衬约70cm，纽扣8粒（其中1粒备用）。

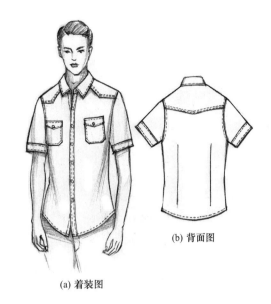

(b) 背面图

(a) 着装图

图3-2-1 时尚休闲短袖衬衫款式图

二、制图参考规格（不含缩率）

单位：cm

号/型	后中长	肩宽（S）	胸围（B）（放松量为14cm）	领围（N）	袖长（含袖口翻边宽）	袖口围
165/80A		42	80+14=94	38		34.5
165/84A	72	43.2	84+14=98	39	21.5	35
165/88A		44.4	88+14=102	40		35.5
170/88A		44.4	88+14=102	40		35.5
170/92A	74	45.6	92+14=106	41	22	36
170/96A		46.8	96+14=110	42		36.5
175/88A		44.4	88+14=102	40		35.5
175/92A	76	45.6	92+14=106	41	22.5	36
175/96A		46.8	96+14=110	42		36.5

注 男衬衫胸围的放松量可根据款式的合体程度选择，合体型衬衫的放松量为10~14cm。

三、结构图

时尚休闲短袖衬衫的结构图如图3-2-2所示。

四、放缝、排料图

1. 放缝图

时尚休闲短袖衬衫的放缝图如图3-2-3所示。

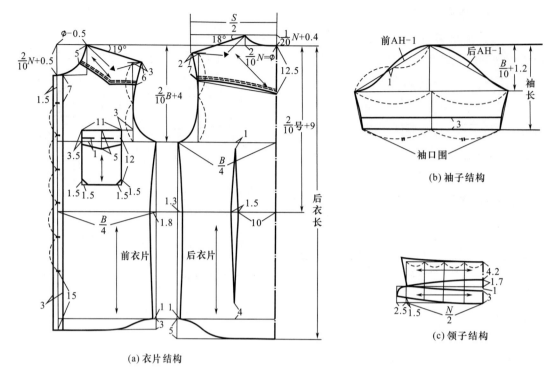

(a) 衣片结构

(b) 袖子结构

(c) 领子结构

图3-2-2 时尚休闲短袖衬衫结构图

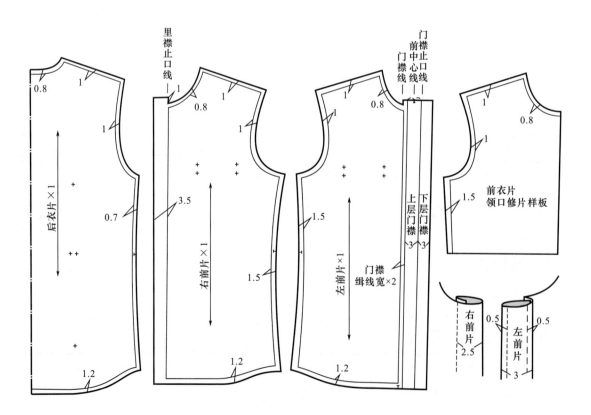

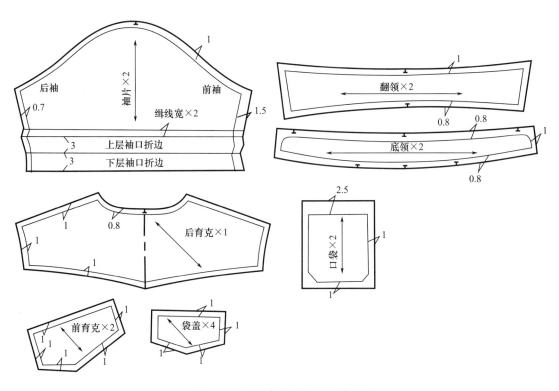

图3-2-3　时尚休闲短袖衬衫放缝图

2. 排料图

（1）面料排料图：如图3-2-4所示。

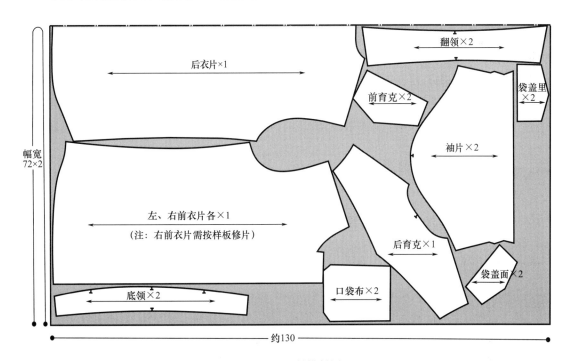

图3-2-4　面料排料图

（2）黏合衬排料图：如图3-2-5所示。

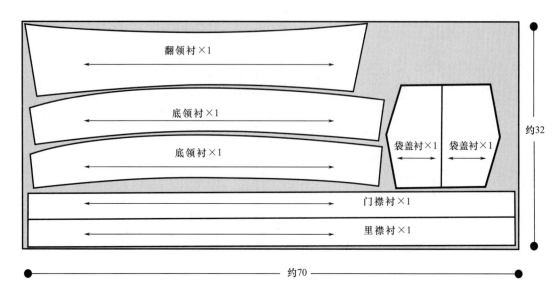

图3-2-5 黏合衬排料图

五、缝制工艺流程、缝制前准备

1. 缝制工艺流程

烫黏合衬 → 制作门、里襟，绱门、里襟 → 缝制前育克 → 制作袋盖、扣烫袋布→ 车缝固定袋布和袋盖 → 车缝后衣片省道 → 缝合肩缝、车缝固定后育克 →制作领子 → 绱领子 →制作袖口贴边 →绱袖子 →缝合侧缝和袖底缝 → 车缝底边 → 锁眼、钉扣 → 整烫

2. 缝制前准备

（1）针号和针距密度：14号针，针距密度为14～16针/3cm；调节底、面线松紧度。

（2）烫衬：烫黏合衬的部位如图3-2-6所示。

六、具体缝制工艺步骤及要求

1. 制作门襟

（1）折烫并车缝门襟内侧明线：将左前片反面向上，门襟先折进2.9cm扣烫，再折进3cm扣烫后，沿折边车缝0.5cm宽的明线［图3-2-7（a）］。

（2）车缝门襟外侧止口线：将两折后的门襟展开，沿门襟止口绱0.5cm宽的明线［图3-2-7（b）］。

（3）修顺领口：把前衣片领口修片样板放在左前衣片上，对齐衣片后修顺领口［图3-2-7（c）］。

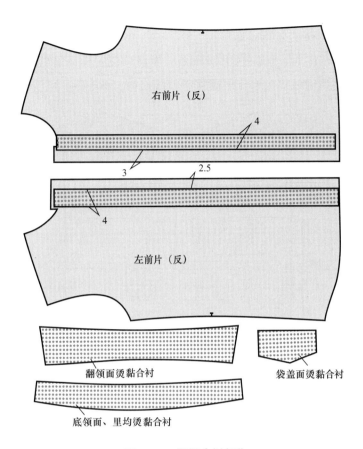

图3-2-6 烫黏合衬部位

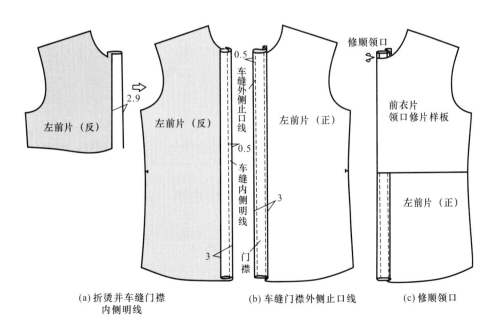

图3-2-7 制作门襟

2. 制作里襟

右前衣片反面向上，在里襟处扣烫1cm后，按剪口位置折烫里襟贴边2.5cm，然后车缝0.1cm固定；最后将里襟领口处多出的量按领口线修剪（图3-2-8）。

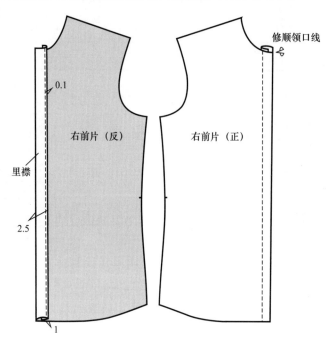

图3-2-8　制作里襟

3. 缝制前育克

把前育克反面向上，扣烫育克尖角两边各1cm；然后将其放在前衣片的肩部分割线位置，对准分割线净线，对齐肩部袖窿线和领口线后，车缝0.1cm和0.6cm的双明线。左、右衣片育克的缝制方法相同（图3-2-9）。

4. 制作袋盖、扣烫袋布

（1）制作袋盖：将袋盖面和袋盖里正面相对，袋盖里向上按净样画线后，沿净样线车缝。然后修剪缝份留0.3cm，并剪掉两袋盖角，再扣烫出里外匀。最后将袋盖翻到正面，整理两袋盖角和尖角，沿袋盖止口车缝0.1cm和0.6cm的双明线，最后在袋盖尖角处锁1个圆头扣眼［图3-2-10（a）］。

（2）扣烫袋布：袋布反面向上，在袋口处扣烫1cm后，再折1.5cm扣烫，然后车缝0.1cm固定袋口折边。最后按口袋净样扣烫袋布［图3-2-10（b）］。

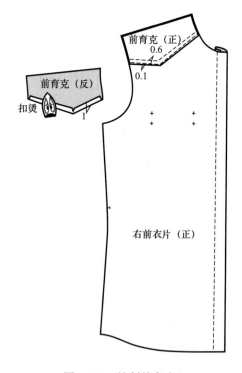

图3-2-9　缝制前育克

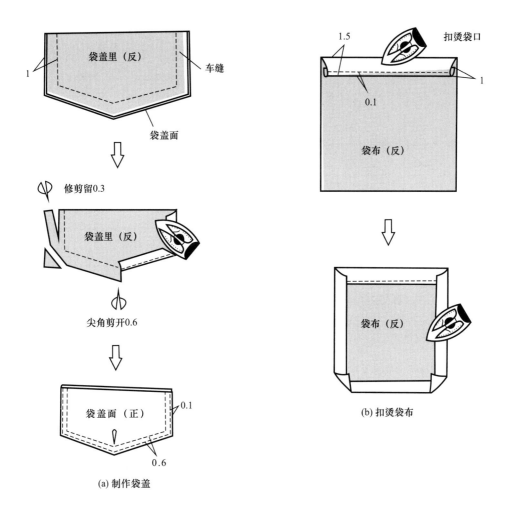

图3-2-10　制作袋盖、扣烫袋布

5. 车缝固定袋布和袋盖

（1）车缝固定袋布：在前衣片上按袋位记号将袋布放好，车缝0.1cm和0.6cm的双明线固定袋布（图3-2-11）。

（2）车缝固定袋盖：在前衣片上按袋盖记号将袋盖放好，车缝1cm固定袋盖，然后修剪缝份留0.5cm后，将袋盖向下翻，再车缝0.1cm和0.6cm的双明线固定袋盖（图3-2-11）。

6. 车缝后衣片省道

（1）车缝省道：在后衣片上按省道的点位车缝腰省，要求车缝至省尖时留10cm左右的线头，将线头剪断后再打结［图3-2-12（a）］。

（2）烫省道：将两腰省均向后中烫倒［图3-2-12（b）］。

7. 缝合肩缝、车缝固定后育克

（1）扣烫后育克：将后育克反面向上，扣烫育克尖角两边各1cm［图3-2-13（a）］。

（2）缝合肩缝：将前、后衣片反面相对，对齐前、后肩缝；再把后育克放在前衣片

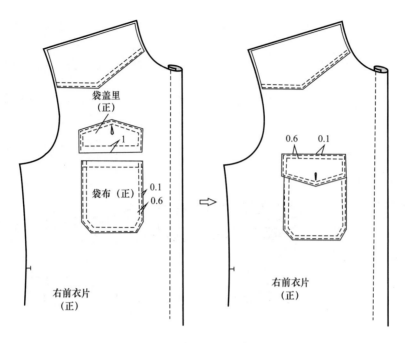

图3-2-11 车缝固定袋布和袋盖

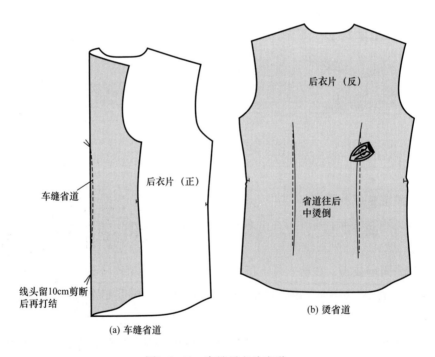

图3-2-12 车缝后衣片省道

上面，对齐肩缝和后中点，按1cm的缝份缝合肩缝［图3-2-13（b）］。

（3）肩线缉明线：将前、后衣片展开摊平，后育克在后衣片上放平，并与后衣片的领口和袖窿对齐；依次车缝0.1cm和0.6cm的双明线固定肩线和后育克［图3-2-13（c）］。

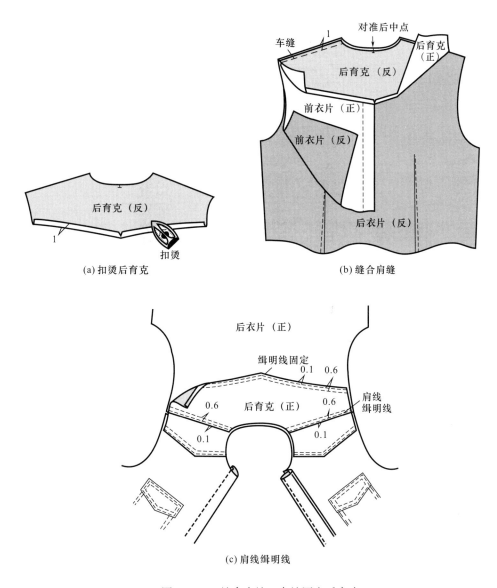

(a) 扣烫后育克

(b) 缝合肩缝

(c) 肩线缉明线

图3-2-13　缝合肩缝、车缝固定后育克

8. 制作上领

先在上领里的反面按净样板画线；然后将上领的面、里正面相对，领里放在上面，沿净样的画线缝合翻领。要求在领角处领面稍松、领里稍紧，使领角形成窝势。再将领角的缝份修剪留0.2cm，将领面反面向上，沿缝线扣烫后，翻到正面，领里向上，将领止口烫出里外匀。要求左、右领角长度一致并对称。最后将领面向上，沿领止口车缝0.5cm的明线（图3-2-14）。

9. 扣烫并缉缝底领下口

在底领面的反面按净样板画线，然后沿底领下口净线扣烫，再缉线0.6cm固定（图3-2-15）。

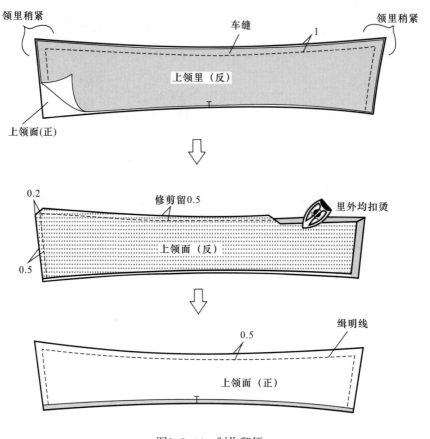

图3-2-14 制作翻领

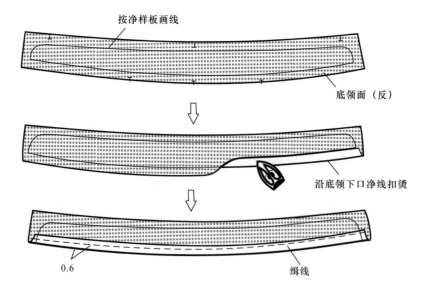

图3-2-15 扣烫并缉缝底领下口

10. 缝制衬衫领

（1）缝合翻领与底领：将翻领夹在底领的中间，翻领面与底领面、翻领里与底领里分别正面相对，并准确对齐三者的左、右装领点和后中点，按净线缝合，缝份为1cm（图3-2-16）。

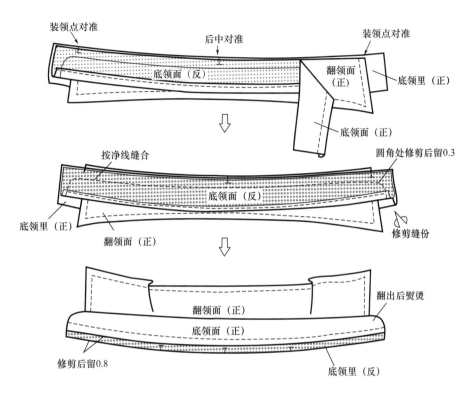

图3-2-16　缝制衬衫领

（2）修剪、翻烫领子：修剪底领的领角留0.3cm，翻领底领缝合处修剪后留0.5cm，再将领子翻到正面。注意底领角须翻圆顺，并检查领子左右对称后，将领角烫成平止口。最后修剪底领里的缝份并留0.8cm。

11. 绱领子

（1）底领里与衣片领口缝合（绱领）：底领面在上，底领里与衣片正面相对，在衣片领口处将后中点及左、右侧颈点对准领里的后中点和左、右侧颈点，按0.8cm的缝份缝合。要求绱领起止点必须与衣片的门、里襟上口对齐，领口弧线不可拉开或抽紧［图3-2-17（a）］。

（2）底领面与衣片缝合：将底领面盖住领里缝线，从右肩对应点起针，沿底领连续车缝0.1cm一周，同时需缝住领里0.1cm［图3-1-17（b）］。

12. 制作袖口贴边

先将袖片反面向上，袖口折2.9cm后烫平；再折3cm后烫平，然后沿边缉缝0.5cm；最后把袖片向上翻平，沿贴边止口缉线0.5cm（图3-2-18）。

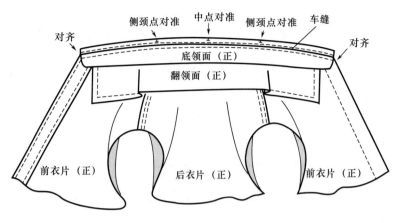

(a) 底领里与衣片领口缝合

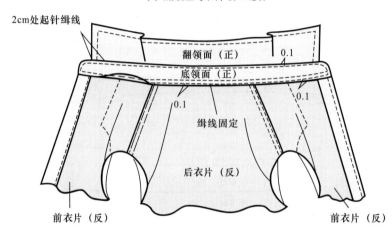

(b) 底领面与衣片缝合

图3-2-17 绱领子

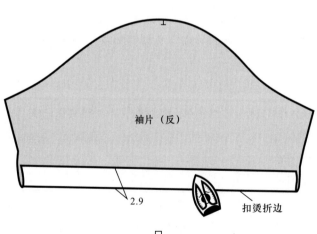

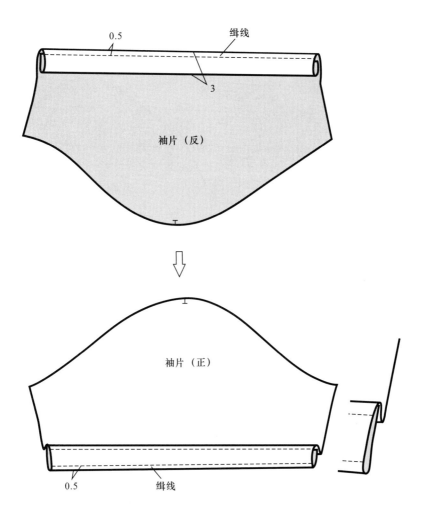

图3-2-18　制作袖口贴边

13. 绱袖子

（1）检查衣片袖窿与袖山线的吻合度：把袖山顶点与衣片的肩点对齐，检查衣片袖窿线与袖片袖山线是否吻合［图3-2-19（a）］。

（2）绱袖子并三线包缝：将袖片与衣片正面相对，袖山顶点与衣片的肩点对齐对准、袖底点与衣片的袖窿底点对齐，车缝1cm固定；然后袖片向上三线包缝［图3-2-19（b）］。

（3）袖窿缉明线：在衣片正面，沿袖窿缉0.5cm明线［图3-2-19（c）］。

14. 缝合侧缝和袖底缝

将前、后衣片反面相对、袖片反面相对，后片在上，前片在下，对准袖窿底点（腋下点）后，把下层（前片）缝份拉出0.8cm折转包住后片，距折边0.75cm连续缝合侧缝和袖底缝；然后将缝份向后片折倒，距边车0.1cm固定缝份（图3-2-20）。

15. 车缝底边

先检查衣片门、里襟是否长度一致；然后把底边折两折，第一次折进0.5cm，第二次

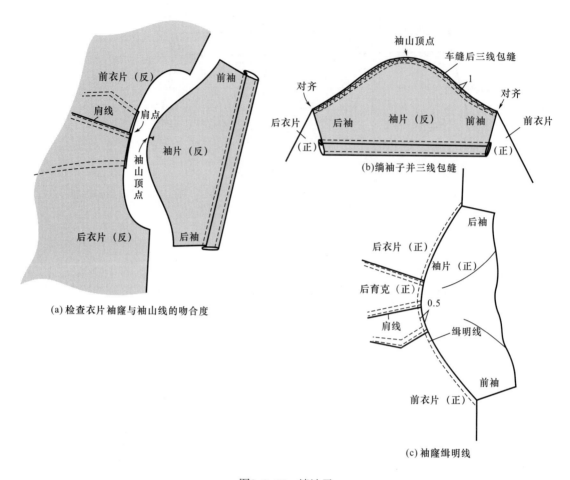

(a) 检查衣片袖窿与袖山线的吻合度

(b) 绱袖子并三线包缝

(c) 袖窿缉明线

图3-2-19 绱袖子

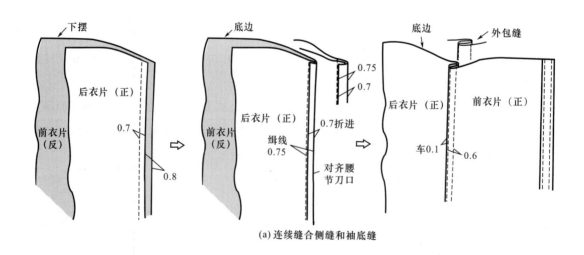

(a) 连续缝合侧缝和袖底缝

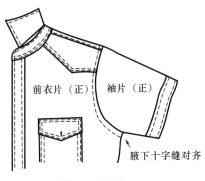

（b）对齐腋下十字缝

图3-2-20 缝合侧缝和袖底缝

折进0.7cm；再沿第一次折边车缝0.1cm固定（图3-2-21）。

16. 锁眼、钉扣

门襟锁纵向扣眼6个、底领角锁横向扣眼1个；在对应的里襟上钉6粒纽扣、底领角钉1粒纽扣（图3-2-22）。

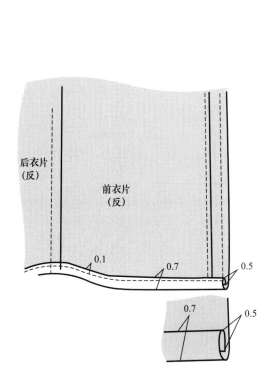

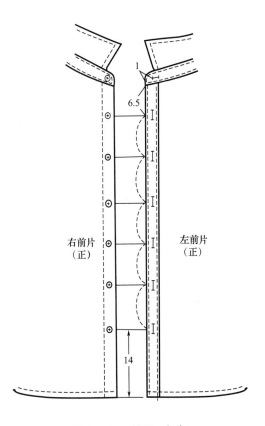

图3-2-21 车缝底边

图3-2-22 锁眼、钉扣

七、缝制工艺质量要求及评分参考标准（总分100分）

（1）整件衬衫缉线顺直，线迹均匀，针距符合要求（5分）。

（2）领子平服，左、右领角长短一致，领角不反翘，缉线圆顺对称，绱领平整、左右对称（20分）。

（3）门、里襟平服且长短、宽窄一致，缉线顺直，宽度符合要求（10分）。

（4）口袋左右对称、袋盖不反翘，缉线顺直，宽度符合要求（10分）。

（5）育克左右对称、平整，尖角处棱角分明，缉线顺直，宽度符合要求（10分）。

（6）绱袖吃势均匀，袖长左右对称，袖口宽窄一致（20分）。

（7）后衣片腰省左右对称，缉线顺直（10分）。

（8）锁眼、钉扣位置准确（10分）。

（9）成衣无线头，整洁、美观（5分）。

第三节 长袖经典男衬衫制作工艺

一、概述

1. 款式分析

该款是较典型的男式长袖衬衫，领子是由翻领、底领组成的衬衫领。左前片为明门襟，有胸贴袋1个。后片有覆肩，背中一个明褶裥，圆下摆。款式如图3-3-1所示。

2. 面料选择

这款衬衫在用料选择上范围较广，可根据不同的季节选择各种面料。一般多为素色、细条、小格子等的纯棉类织物，也可选择变化多样的混纺及化纤类织物。

3. 面、辅料参考用量

（1）面料：幅宽114cm，用量约165cm。用料估算公式为衣长×2+20cm。

（2）辅料：有纺黏合衬70cm，领角薄膜衬2片，纽扣10粒。

图3-3-1 男衬衫款式图

二、制图参考规格（不含缩率）

单位：cm

号/型	后中长	肩宽（S）	胸围（B） （放松量为18cm）	领围（N）	袖长 （含袖克夫宽）	袖口围
165/80A		43.8	80+18=98	38		38.5
165/84A	72	45	84+18=102	39	57.5	39
165/88A		46.2	88+18=106	40		39.5
170/88A		46.2	88+18=106	40		39.5
170/92A	74	47.4	92+18=110	41	59	40
170/96A		48.6	96+18=114	42		40.5
175/88A		46.2	88+18=106	40		39.5
175/92A	76	47.4	92+18=110	41	60.5	40
175/96A		48.6	96+18=114	42		40.5

注 男衬衫胸围的放松量可根据款式的合体程度选择，此款衬衫的放松量为16～20cm。

三、结构图

男衬衫的结构图如图3-3-2所示。

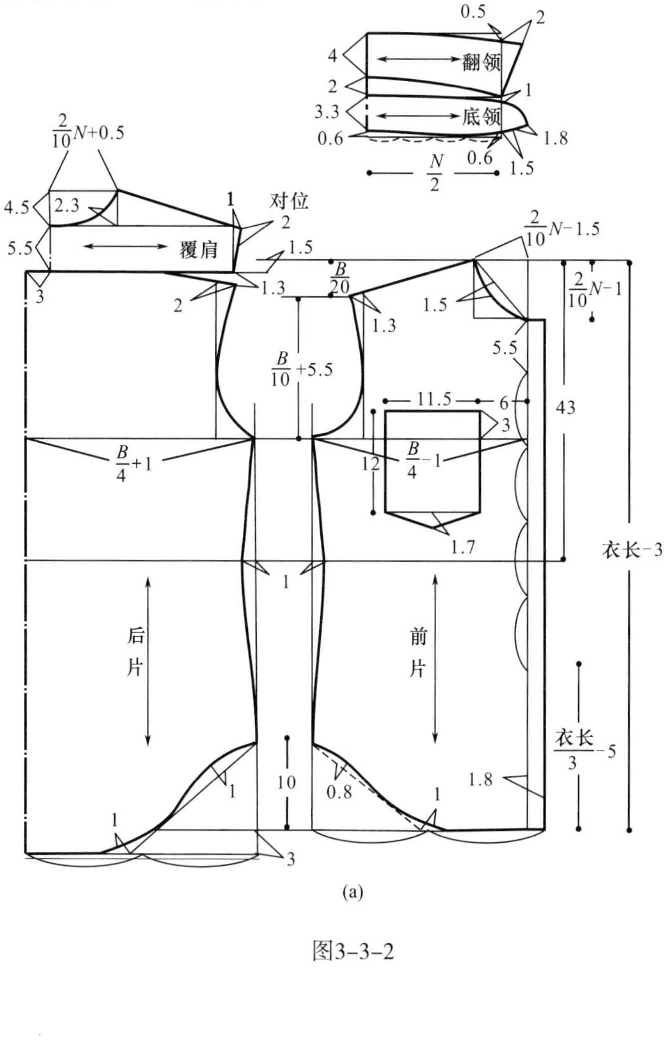

图3-3-2

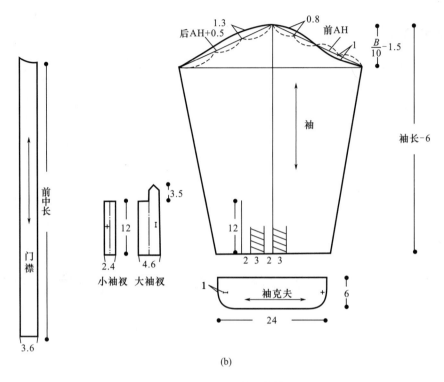

(b)

图3-3-2　男衬衫结构图

四、放缝、排料图

男衬衫的放缝、排料图如图3-3-3所示。

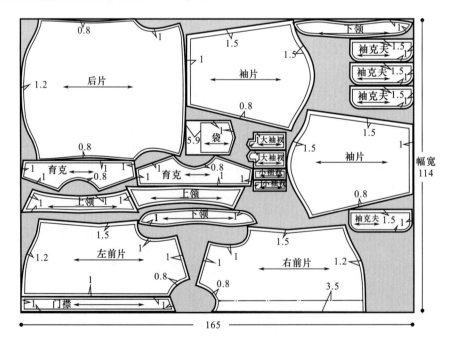

图3-3-3　放缝、排料图

五、缝制工艺流程

准备工作 → 做标记 → 烫黏合衬 → 缝制门、里襟 → 缝制胸袋 → 装覆肩、合肩缝 → 缝制领子 → 绱领→ 做袖 → 绱袖 → 缝合袖子和侧缝 → 缝制袖克夫 → 折底边 → 锁眼、钉扣→ 整烫

六、主要缝制工艺

具体缝制方法参见视频课程。

作业布置

按照衬衫具体的款式，选购合适的面辅料，在教师的指导下，按缝制质量要求完成衬衫成品的缝制。

西装及马甲制作工艺

课程名称： 西装及马甲制作工艺

课程内容： 女西装制作工艺
男西装制作工艺
男马甲制作工艺

上课时数： 112课时

教学目的： 使学生理论联系实际，帮助其提高动手实践能力，验证样板与工艺之间的配伍关系，为服装专业相关课程的学习提供帮助。

教学方法： 结合视频，采用理论教学与实际操作演示相结合的教学方法。要求学生有足够的课外时间进行操作训练，建议课内外课时比例达到1：1以上。

教学要求： 使学生了解女西装、男西装、男马甲的面辅料选购要点，掌握各款式样板放缝要点、排料方法、缝制工艺流程及具体的缝制方法与技巧、熨烫方法、缝制工艺质量要求等内容，并能做到触类旁通。

第四章　西装及马甲制作工艺

第一节　女西装制作工艺

一、概述

1. 款式分析

该款为四粒扣平驳领女西装，全衬里工艺。衣片结构为四开身公主线分割，两片合体袖造型（袖口开衩并钉两粒纽扣），贴袋设计。款式如图4-1-1所示。

2. 面、里料选择

（1）面料：纯毛、毛涤混纺或化纤面料均可。

（2）里料：涤丝纺、尼丝纺、人丝涤纶混纺里料等织物均可。

3. 面、辅料参考用量

（1）面料：幅宽144cm，用量约140cm。用料估算公式为衣长+袖长+20cm左右。

（2）里料：幅宽144cm，用量约130cm。用料估算公式为衣长+袖长+10cm左右。

(a) 着装图

(b) 背面图

图4-1-1　女西装款式图

（3）辅料：薄型针织黏合衬200cm，垫肩1副，母子黏合牵条约400cm，大纽扣4粒，小纽扣4粒。

4. 女西装平面图

女西装的平面图如图4-1-2所示。

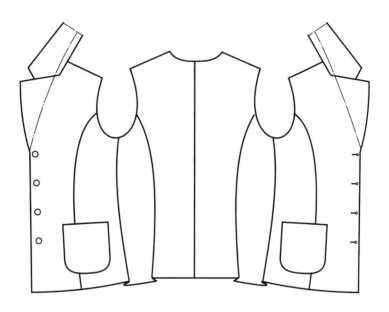

(a) 女西装面

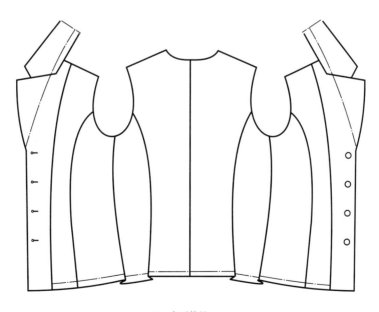

(b) 女西装里

图4-1-2　女西装平面图

二、制图参考规格（不含缩率）

单位：cm

号/型	后中长	背长	肩宽（S）	胸围（B）（放松量为12cm）	袖长	袖口围	领后中宽	袖衩长
155/76A			36	76+12=88		24		
155/80A	60	36	37	80+12=92	56.5	24.5	6.5	7.7
155/84A			38	84+12=96		25		
160/80A			38	80+12=92		24.5		
160/84A	62	37	39	84+12=96	58	25	6.5	8
160/88A			40	88+12=100		25.5		
165/80A			38	80+12=92		24.5		
165/84A	64	38	39	84+12=96	59.5	25	6.5	8.3
165/88A			40	88+12=100		25.5		

注　女西装胸围的放松量可根据款式的合体程度选择，该款西装的放松量为12～16cm。

三、结构图

1. 女西装结构图

女西装的结构图如图4-1-3所示。

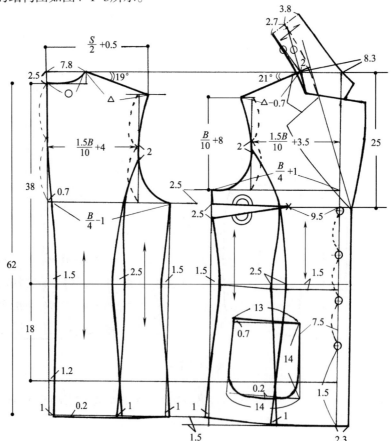

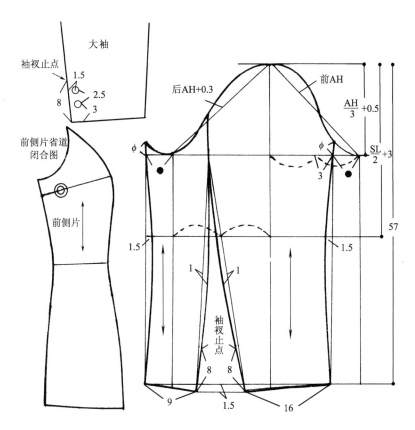

图4-1-3　女西装结构图

2. 领面纸样制作

（1）确定领外口线：以领里（结构图中的领子）为基础，在领下口线上以SNP为基准点向上作领下口线的垂线，并确定垂线的中点［图4-1-4（a）］。

（2）剪开垂线：将垂线剪开，以垂线中点为基准点，在领外口线上放出0.3cm，同时在领下口线上折叠0.3cm［图4-1-4（b）］。

（3）放出松量：将领子的翻折线剪开，平行展开0.3cm（视面料厚薄而有所增减）作为领面的翻折量；同时在领子的外口线上平行放出0.15cm，领角处放出0.15cm［图4-1-4（c）］，作为领面外口线里外匀的量。

3. 挂面纸样制作

（1）挂面制图：以前衣片为基础，在肩线上取4cm，在腰节线和底边线上分别取8.5cm，画出挂面内侧的边缘线［图4-1-5（a）］。

（2）驳口线、驳领止口线、挂面底边放出松量：将驳口线剪开，平行放出0.3cm（同领面翻折线展开量相同），在驳领止口线上放出0.15cm（同领面外口线放量相同），挂面底边处放出0.15cm，A线处平行放出a［图4-1-5（b）］。

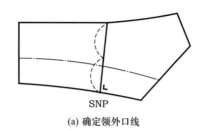

(a) 确定领外口线

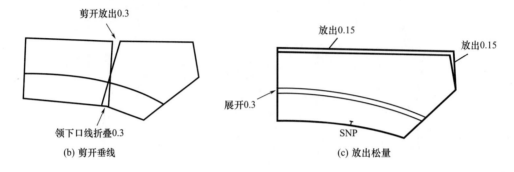

剪开放出0.3

领下口线折叠0.3

(b) 剪开垂线

放出0.15

放出0.15

展开0.3

SNP

(c) 放出松量

图4-1-4　领面纸样制作方法

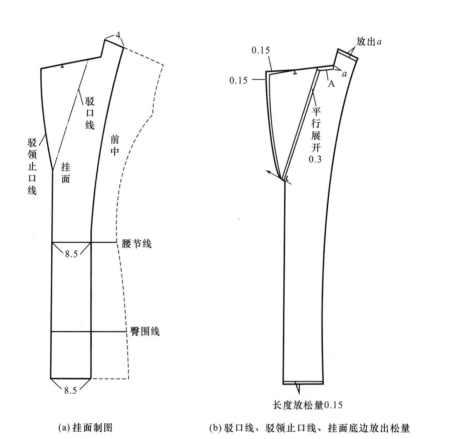

(a) 挂面制图

(b) 驳口线、驳领止口线、挂面底边放出松量

图4-1-5　挂面纸样制作方法

四、放缝、排料图

1. 面料放缝图

面料的放缝图如图4-1-6所示。

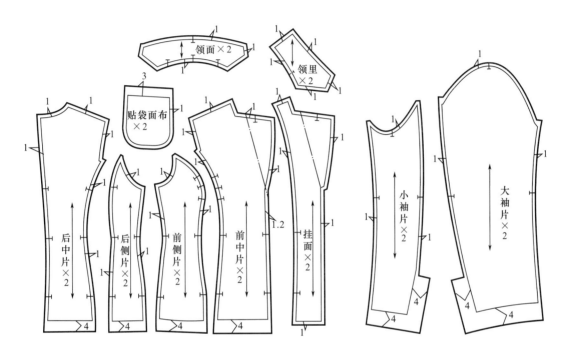

图4-1-6　面料放缝图

2. 里料放缝图

里料的放缝图如图4-1-7所示。

3. 面料排料图

考虑到面料要过黏合机的热缩量，实际排料时应将需粘衬的裁片按裁剪样板（毛样板）适当放量，等裁片过黏合机冷却后再按裁剪样板进行修片。面料的排料图如图4-1-8所示。

4. 里料排料图

里料的排料图如图4-1-9所示。

5. 有纺黏合衬排料图

有纺黏合衬的排料图如图4-1-10所示。

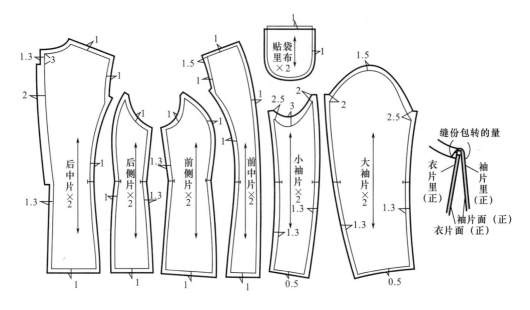

图4-1-7 里料放缝图

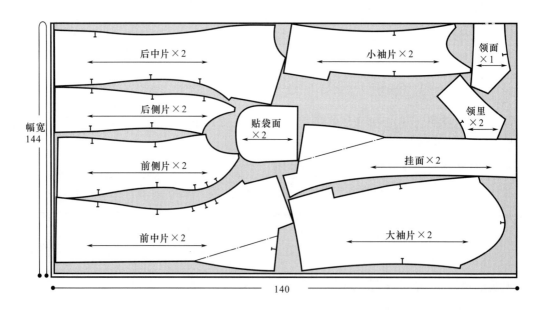

图4-1-8 面料排料图

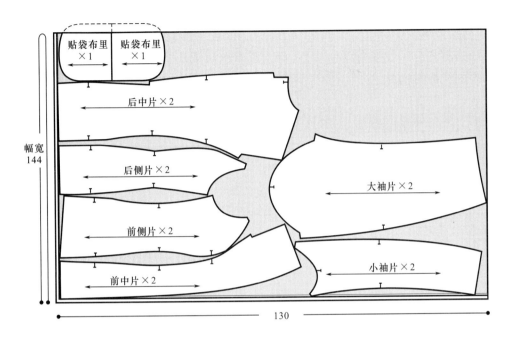

图4-1-9 里料排料图

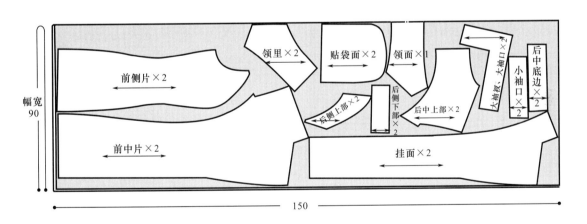

图4-1-10 有纺黏合衬排料图

五、缝制工艺流程、缝制前准备

1. 缝制工艺流程

烫牵条 → 缝合面料前、后衣片分割线 → 缝制贴袋 → 缝合面料侧缝、肩缝 → 拼接领里，装领里 → 缝合里料前、后衣片分割线 → 缝合里料肩缝、侧缝 → 装领面 → 缝合止口、领外口 → 缝制袖片面 → 绱袖片面 → 缝制袖片里，绱袖片里 → 缝合并固定袖口面、里 → 固定领面和领里的串口线、领下口线 → 装垫肩，局部固定面料与里料 → 缝合并固定面、里料底边 → 翻出正面整烫底边，车缝袖片里料留口 → 锁眼、钉扣 → 整烫

2．缝制前准备

（1）粘衬及修片：

①先将衣片与黏合衬用熨斗固定。注意黏合衬比裁片要略小0.2cm左右，固定时不能改变布料的经纬向丝缕。

②衣片过黏合机后，需将其摊平冷却后再重新按裁剪样板修剪裁片。

（2）在正式缝制前需选用相应的针号和线，调整好针距密度。针号：75/11号或90/14号。用线与针距密度：14~15针/3cm，面、底线均用配色涤纶线。

六、具体缝制工艺步骤及要求

1．烫牵条

为防止领口、袖窿、门襟止口等部位伸长变形，需烫黏合牵条（图4-1-11）。

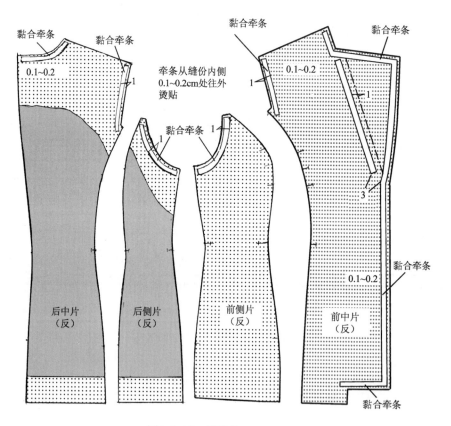

图4-1-11 烫牵条

2．缝合面料前、后衣片分割线

（1）缝合面料前衣片公主线：将前衣片与前侧片正面相对缝合公主线（要求对准刀

口），然后在弧形处和腰节线的缝份上剪口，再分缝烫平（图4-1-12）。

（2）缝合面料后中线和公主线：先将后衣片正面相对缝合中线，再将后侧片与后中片正面相对缝合公主线（要求对准刀口），然后在弧形处和腰节线的缝份处打剪口，再分缝烫平（图4-1-13）。

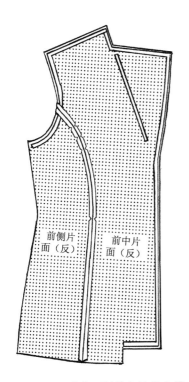

图4-1-12　缝合面料前衣片公主线

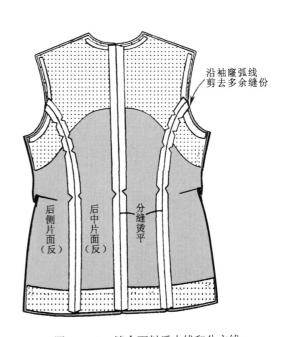

图4-1-13　缝合面料后中线和公主线

3. 缝制贴袋

（1）画袋位：在前衣片正面用划粉画出袋位，左右袋位对称（图4-1-14）。

（2）扣烫袋布：

①制作贴袋面、贴袋里的扣烫样板：贴袋里的扣烫样板比贴袋面的扣烫样板上口少2cm，其余三边小0.3cm［图4-1-15（a）］。

②扣烫贴袋面：将贴袋面上口折边的两角剪去，然后在圆角处用长针距车缝后抽缩，再用贴袋面的扣烫样板进行扣烫［图4-1-15（b）］。

③扣烫贴袋里：在圆角处用长针距车缝后抽缩，再用贴袋里的扣烫样板进行扣烫［图4-1-15（c）］。

（3）固定袋布：

①车缝固定贴袋里：在距袋位净线0.2～0.3cm处，车缝固定贴袋里，车缝两道，分别为0.1cm和0.5cm［图4-1-16（a）］。

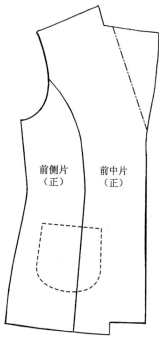

图4-1-14 画袋位

②长针距固定贴袋面：将贴袋面按袋位放好，注意袋口要稍留空隙，然后距边0.1cm用长针距粗缝固定贴袋面［图4-1-16（b）］。

③车缝固定贴袋面：翻开贴袋面，从袋布内侧沿粗缝固定线的边缘车缝固定贴袋面，然后拆除粗缝线迹［图4-1-16（c）］。

④手缝固定贴袋面、里：将贴袋布面、里的袋口处用手针暗缲缝［图4-1-16（d）］。

⑤熨烫贴袋：袋口稍留空隙，以人体穿着后口袋呈现自然贴体为标准。要求完成的贴袋平整，丝缕顺直，圆角处圆顺、饱满［图4-1-16（e）］。

4. 缝合面料侧缝、肩缝

肩缝的缝合要求在后肩中部缩缝，侧缝的缝合要求对齐腰节线的刀口，然后分别将缝份分缝烫平（图4-1-17）。

5. 拼接领里，装领里

（1）拼接领里：左、右领里正面相对，缝合后中线；然后修剪缝份至0.5cm，分烫缝份后，在领翻折线上缉线（图4-1-18）。

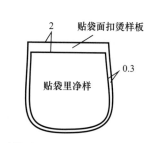

(a) 制作贴袋面、贴袋里的扣烫样板

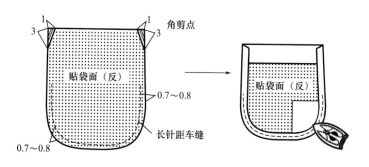

(b) 扣烫贴袋面

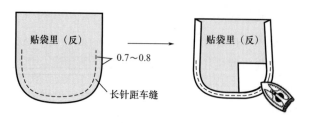

(c) 扣烫贴袋里

图4-1-15 扣烫袋布

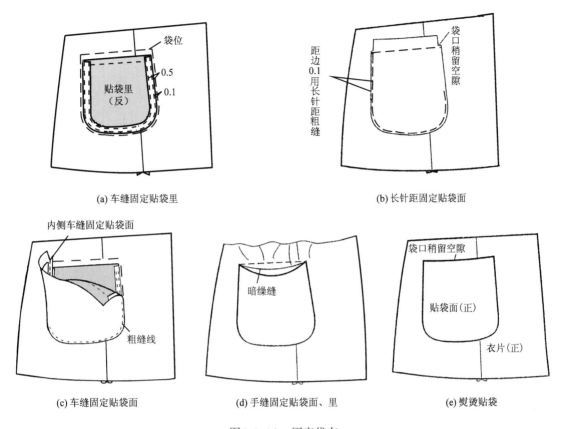

(a) 车缝固定贴袋里

(b) 长针距固定贴袋面

(c) 车缝固定贴袋面

(d) 手缝固定贴袋面、里

(e) 熨烫贴袋

图4-1-16 固定袋布

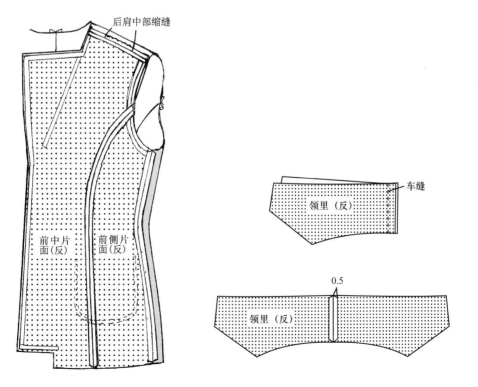

图4-1-17 缝合面料侧缝、肩缝

图4-1-18 拼接领里

（2）装领里：

①缝合串口线（左片）：衣片面料领口与领里串口正面对齐，从左衣片装领止点开始缝至装领转角处［图4-1-19（a）］。

②打剪口：落下机针，抬起压脚，在左衣片装领转角处的缝份上打剪口［图4-1-19（b）］。

③领里下口与衣片面料缝合：将领里下口与衣片面料对齐缝合至右衣片装领转角处（注意：缉缝过程中，后中线、肩线需与领里上相应的对位记号对准、对正）；然后落下机针，抬起压脚，在右衣片装领转角处的缝份上打剪口［图4-1-19（c）］。

④缝合串口线（右片）：从衣片装领转角处缝至右衣片装领止点［图4-1-19（d）］。

⑤分缝烫平：在装领转角处的领里缝份上打剪口，然后分缝烫平［图4-1-19（e）］。

6. 缝合里料前、后衣片分割线

（1）缝合里料前衣片公主线：将里料前中片与前侧片正面相对进行缝合，缝份1cm，然后将缝份向里料前侧片烫倒，要求坐缝0.3cm［图4-1-20（a）］。

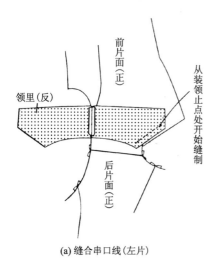

(a) 缝合串口线（左片）

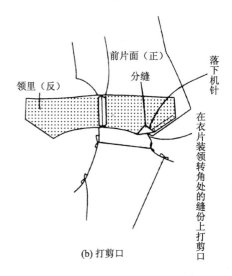

(b) 打剪口

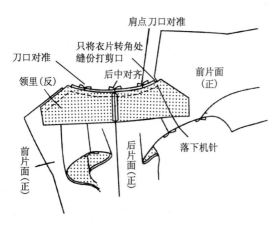

(c) 领里下口与衣片面料缝合

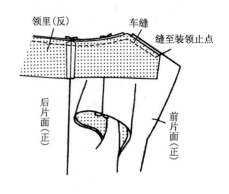

(d) 缝合串口线（右片）

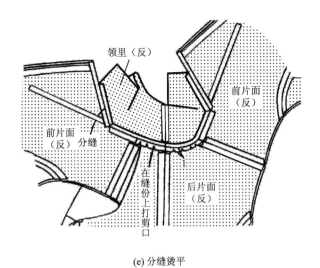

(e) 分缝烫平

图4-1-19 装领里

（2）缝合里料前衣片与挂面：将里料前中片与挂面正面相对缝合至距底边净线2cm处，缝份向侧缝烫倒［图4-1-20（b）］。

（3）缝合里料后衣片中线并熨烫：将左、右里料后中片正面相对缝合后中线，缝份1cm，然后将缝份向右后片烫倒，要求上、下两端烫倒坐缝0.3cm，中间烫倒坐缝1cm［图4-1-20（c）］。

（4）缝合里料后衣片公主线：将里料后侧片与后中片正面相对缝合公主线，然后将缝份向侧缝烫倒，坐缝为0.3cm［图4-1-20（d）］。

7. 缝合里料肩缝、侧缝

里料的肩缝按1cm缝份缝合，然后将缝份向后衣片烫倒；再缝合前、后衣片侧缝，缝份1cm，最后将缝份向后侧片烫倒，要求坐缝0.3cm（图4-1-21）。

8. 装领面

装领面的具体方法同装领里（图4-1-22）。

9. 缝合止口、领外口

（1）固定装领点：衣片面布与挂面、领面与领里正面相对，在装领止点处用手针将缝线穿过，打结固定住四片［图4-1-23（a）］。

（2）缝合领外口、止口及挂面底边：注意缝合至装领止点处时，不要将装领缝份缝进去，参见右侧放大图［图4-1-23（b）］。

（3）修剪衣片止口缝份：从挂面底边到驳折止点，挂面缝份修剪至0.5cm，挂面底边方角处斜向修剪，缝份留0.2～0.3cm［图4-1-23（c）］。

（4）修剪驳领、翻领的缝份：驳领里、翻领里的缝份修剪至0.5cm，领角斜向修剪，缝份留0.2～0.3cm［图4-1-23（d）］。

（5）分烫缝份：将挂面底边、衣片止口、领里的缝份分缝烫平［图4-1-23（e）］。

(a) 缝合里料前衣片公主线

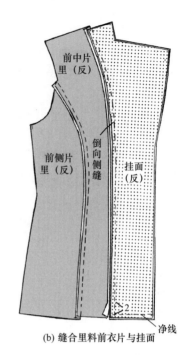

(b) 缝合里料前衣片与挂面

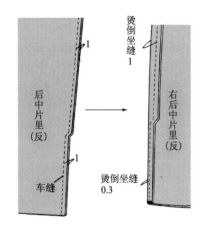

(c) 缝合里料后衣片中线并熨烫

(d) 缝合里料后衣片公主线

图4-1-20　缝合里料前、后衣片分割线

（6）扣烫底边：将衣片面料的底边按净线扣烫，待用。

（7）缉缝门襟、领子止口：将门襟止口、领子止口的内侧车缝0.1cm压住缝份，使止口不外吐。注意，驳折止点上、下1cm处的内侧不车缝。

（8）烫出里外匀：在门襟止口处挂面退进0.1～0.2cm、在驳领处衣片退进0.1～0.2cm、翻领处领里退进0.1～0.2cm，熨烫后使之形成里外匀［图4-1-23（f）］。

10.　缝制袖片面

（1）归拔大袖片：将两片大袖片面正面相对、反面向上，在袖片肘线处用熨斗拔开

［图4-1-24（a）］。

（2）缝制袖衩：先将大袖片面料的袖衩剪去一角，再距净线1cm缝合大袖衩的三角
［图4-1-24（b）］；小袖衩按净线反折，距边1cm车缝［图4-1-24（c）］，然后把袖口
贴边翻到正面，按净线扣烫［图4-1-24（d）］。

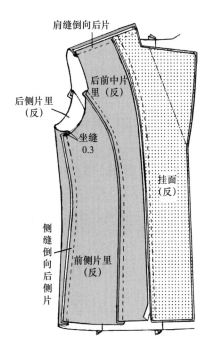

图4-1-21　缝合里料肩缝、侧缝

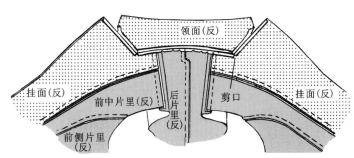

图4-1-22　装领面

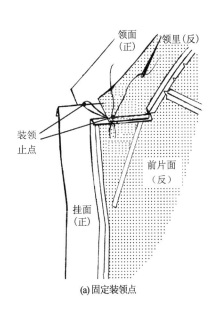

(a)固定装领点

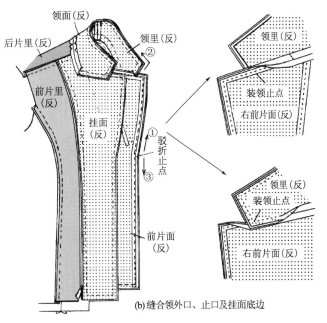

(b)缝合领外口、止口及挂面底边

图4-1-23

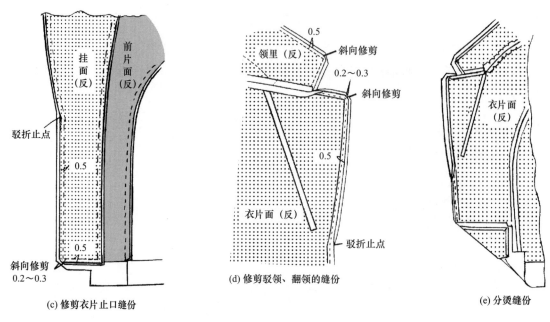

挂面（反）

前片面（反）

驳折止点

0.5

0.5

斜向修剪
0.2～0.3

(c) 修剪衣片止口缝份

领里（反）

0.5

斜向修剪

0.2～0.3

斜向修剪

0.5

衣片面（反）

驳折止点

(d) 修剪驳领、翻领的缝份

衣片面（反）

(e) 分烫缝份

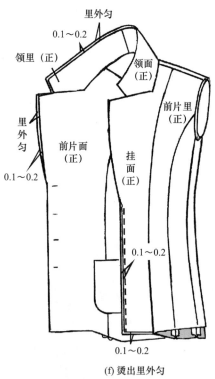

里外匀

0.1～0.2

领里（正）

领面（正）

里外匀

前片里（正）

前片面（正）

0.1～0.2

挂面（正）

0.1～0.2

0.1～0.2

(f) 烫出里外匀

图4-1-23 缝合止口、领外口

（3）缝合袖缝：缝合外袖缝至袖衩止点，在小袖片上打剪口，将开衩止点以上分缝烫开。注意，大袖片外袖缝的袖肘处稍缩缝。最后缝合内袖缝，分缝烫平后，将袖口折边按净线折烫［图4-1-24（e）］。

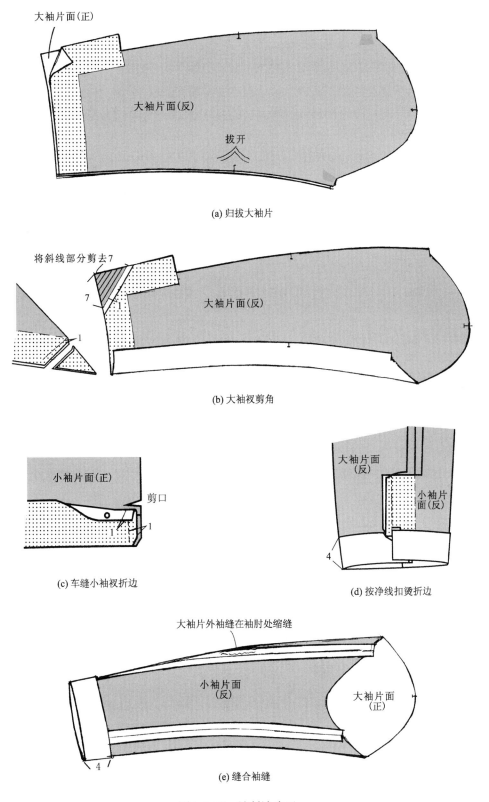

(a) 归拔大袖片

将斜线部分剪去7

7

1

大袖片面(反)

(b) 大袖衩剪角

小袖片面(正)

剪口

1

(c) 车缝小袖衩折边

大袖片面
(反)

小袖片
面(反)

4

(d) 按净线扣烫折边

大袖片外袖缝在袖肘处缩缝

小袖片面
(反)

大袖片面
(正)

4

(e) 缝合袖缝

图4-1-24　缝制袖片面

11. 绱袖片面

（1）缩缝袖山吃势：

方法一：斜裁本料布（牵条）2条，长25～26cm、宽3cm，缩缝时距袖山净线0.2cm，放大针距车缝。开始时斜布条放平，然后逐渐拉紧斜布条，袖山顶点拉力最大，再逐渐减少拉力直至放松平缝。此方法适合较熟练的操作者［图4-1-25（a）］。

方法二：在距袖山净线0.2cm处用手针或大针距车缝两道线，然后抽紧缝线并整理袖山的缩缝量，此方法适合初学者［图4-1-25（b）］。

（2）熨烫缩缝量：把缩缝好的袖山头放在铁凳上，将缩缝熨烫均匀，要求平滑无褶皱，袖山饱满。

（3）绱袖：

①手缝固定袖子与袖窿：对准袖中点、袖底点等对位记号，假缝袖子与袖窿，缝份为0.8～0.9cm，针距密度10针/3cm［图4-1-26（a）］。

②试穿调整：将假缝好的衣服套在人台上试穿，观察袖子的定位与吃势，要求两个袖位左右对称、吃势匀称，如无须修正即可进行车缝［图4-1-26（b）］。

③车缝：沿袖窿一周以1cm的缝份车缝，缝份倒向袖片。注意，袖山处的绱袖缝份不能烫倒，以保持自然的袖子吃势。

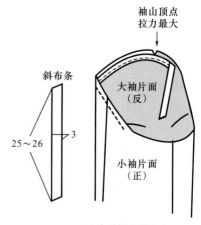

(a) 车缝袖山斜布条

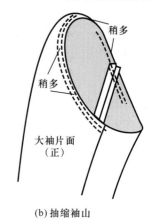

(b) 抽缩袖山

图4-1-25 缩缝袖山吃势

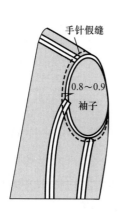

(a) 手缝固定袖子与袖窿

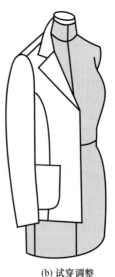

(b) 试穿调整

图4-1-26 绱袖片面

12. **缝制袖片里，绱袖片里**

（1）缝合袖片的内、外袖缝并熨烫：大、小袖片的内、外袖缝按1cm缝份缝合，要求左袖的内袖缝以袖肘点为中心，留出15cm不缝合，以用于翻面；袖片里料的缝份均向大袖片烫倒，要求烫出坐缝0.3cm（图4-1-27）。

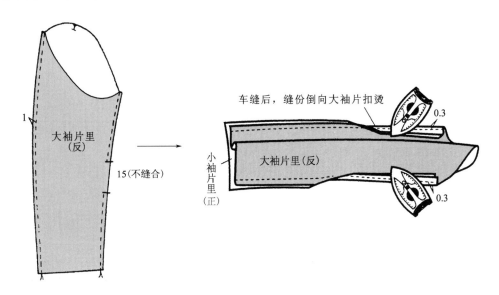

图4-1-27　缝合袖片的内、外袖缝并熨烫

（2）绱袖：将袖片里料的袖山顶点与衣片的肩线对齐进行车缝。

13. **缝合并固定袖口面、里**

（1）将袖口面、里的内袖缝对齐，车缝一周。

（2）按面料上袖口贴边扣烫的折印整理袖口，然后在内袖缝和袖衩缝上与袖口缝份车缝几针固定。

14. **固定领面和领里的串口线、领下口线**

对准领里、领面的串口线、领下口线上的后领中点，车缝固定。

15. **装垫肩，局部固定面料与里料**

（1）装垫肩：将垫肩外口与袖窿缝边（毛边）对齐，用手针回针缝固定垫肩和袖窿缝份。注意缝线不宜拉紧。再将垫肩的圆口与肩缝手缝固定几针（图4-1-28）。

（2）局部固定面料与里料：在肩点处、腋下处，用手针将面料与里料固定，缝线应松紧适宜。

16. **缝合并固定面、里料底边**

（1）将衣片面、里底边上对应的拼接线对齐后车缝。注意，在靠近挂面处留出0.5cm不缝合（图4-1-29）。

（2）按面料底边贴边扣烫的折印整理底边，然后将所有拼接线的缝份与底边缝份车缝几针固定（图4-1-29）。

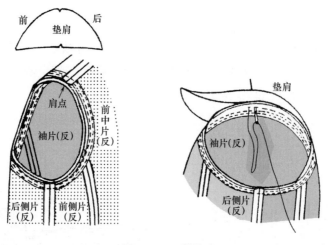

图4-1-28 装垫肩

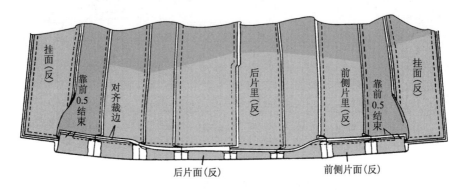

图4-1-29 缝合并固定面、里料底边

17. 翻出正面整烫底边，车缝袖片里料留口

（1）翻出正面：从留口处伸手进入袖片的面、里之间，将整件衣服翻到正面，然后按折印整烫底边（图4-1-30）。

（2）车缝袖片里料留口：熨烫整理留口，然后车缝0.1cm将其封口固定。

18. 锁眼、钉扣

（1）锁眼：采用圆头锁眼机用配色线在右衣片扣眼位置锁扣眼4个。

（2）钉扣：用配色线在左衣片的相应位置钉纽扣4粒，在左、右袖衩扣位上各钉2粒纽扣。

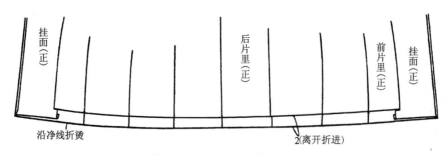

图4-1-30 翻出正面整烫底边

19. **整烫**

先清除线头、去除污迹，然后用大烫机将整件衣服进行整烫。

（1）烫下摆：将衣服的里料向上，下摆放平整，用蒸汽熨斗先将面料的下摆烫平服，再将里料底边的坐势烫平，然后顺势将衣服的里料轻轻烫平。

（2）烫驳头及门、里襟止口：将驳头、门襟止口正面向上靠操作者一侧放平，归整丝缕后进行压烫，将止口压薄、压挺。采用同样方法烫反面的驳头和门、里襟止口。

（3）烫驳头和领片：先将挂面、领面正面向上放平，用蒸汽熨斗将串口线烫顺直；再将驳头向外翻出放在布馒头上，按驳头的宽度进行熨烫。注意，驳折线以上2/3用熨斗烫平服，1/3以下不可熨烫，以保证驳头的自然形态。最后，将翻领的领片按领面的宽度向外翻出，放在布馒头上烫顺领片的翻折线。注意，驳头的驳折线与领片的翻折线要自然连顺。

（4）烫肩缝和领口：将肩部放在烫凳上，归正前肩丝缕，用蒸汽熨斗将其烫正，并顺势将领口熨烫平服。

（5）烫胸部和贴袋：将前衣片放在布馒头上，用蒸汽熨斗熨烫拼接缝和胸部，使其饱满并符合人体胸部造型；再顺势将贴袋进行熨烫，袋口要平直。

（6）烫侧缝：将侧缝放平，从衣底边开始向上熨烫。

（7）烫后背：将后衣片放在布馒头上，用蒸汽熨斗熨烫分割缝和后中缝。

七、缝制工艺质量要求及评分参考标准（总分100分）

（1）规格尺寸符合要求（10分）。

（2）翻领、驳头、串口均要对称，并且平服、顺直，领翘适宜，领口不倒吐（20分）。

（3）两袖山圆顺，吃势均匀，袖子自然前倾，左右对称。两袖长短一致，袖口大小一致，袖开衩倒向正确、大小一致，袖口扣位左右一致（20分）。

（4）分割线、侧缝、袖缝、背缝、肩缝顺直、平服（10分）。

（5）左、右门襟长短一致，衣底边方角左右对称，扣位高低一致（10分）。

（6）胸部丰满、挺括，袋位正确，袋上口不绷紧，左右袋位一致（10分）。

（7）里料、挂面及各部位松紧适宜、平顺（10分）。

（8）各部位熨烫平服，无亮光、水花、烫迹、折痕，无油污、水渍，面、里无线头。锁眼位置准确，纽扣与眼位相对，大小适宜，整齐牢固（10分）。

第二节　男西装制作工艺

一、概述

1. 款式分析

该款为平驳头、三粒扣、止口圆角的男西装，左右各一个有袋盖的双嵌线口袋，左胸有手巾袋一个，圆装袖，袖口处开真袖衩，并有三粒装饰扣。款式如图4-2-1所示。

2. 面、里料选择

（1）面料：纯毛、毛涤混纺、棉、麻、化纤等织物均可选用。

（2）里料：涤丝纺、尼丝纺、人丝涤纶混纺里料等织物均可选用。

（3）袋布：既可选用里料，也可用纯棉或涤棉布。

3. 面、辅料参考用量

（1）面料：幅宽144cm，用量约160cm。用料估算公式为衣长+袖长+20cm左右。

（2）里料：幅宽144cm，用量约160cm。用料估算公式为衣长+袖长+15cm左右。

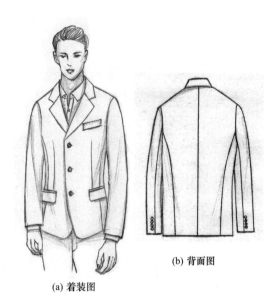

(a) 着装图

(b) 背面图

图4-2-1 男西装款式图

（3）辅料：薄型针织黏合衬200cm，成品胸衬1副，垫肩1副，母子黏合牵条约500cm，大纽扣4粒（其中备用扣1粒），小纽扣7粒（其中备用扣1粒）。

4. 男西装平面图

男西装的平面图如图4-2-2所示。

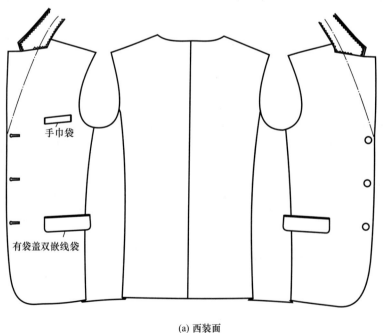

手巾袋

有袋盖双嵌线袋

(a) 西装面

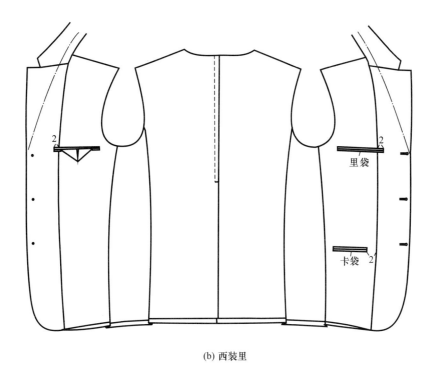

(b) 西装里

图4-2-2　男西装平面图

二、制图参考规格（不含缩率）

单位：cm

号/型	后中长	肩宽（S）	胸围（B）（放松量为16cm）	袖长	袖口大	大袋口	袋盖宽	手巾袋边宽
170/84A		44.6	84+16=100		14	14		
170/88A	74	45.8	88+16=104	58.5	14.5	14.5	5.5	2.5
170/92A		47	92+16=108		15	15		
175/88A		45.8	88+16=104		14.5	14.5		
175/92A	76	47	92+16=108	60	15	15	5.5	2.5
175/96A		48.2	96+16=112		15.5	15.5		
180/88A		45.8	88+16=104		14.5	14.5		
180/92A	78	47	92+16=108	61.5	15	15	5.5	2.5
180/96A		48.2	96+16=112		15.5	15.5		

注　男西装胸围的放松量可根据款式的合体程度选择，通常合体型西装的放松量为14～18cm。

三、结构图

1. 男西装结构图

（1）衣身结构图如图4-2-3（a）所示。

（2）袖片结构图如图4-2-3（b）所示。

①大袖片上的ab弧长=前衣片袖窿上Ab弧长+1.2cm吃势。

②大袖片上的*ad*弧长=后衣片袖窿上*A'c*弧长+0.7cm吃势。

③小袖片上的*ef*弧长=侧衣片和后衣片袖窿上*ec*弧长+1cm吃势。

④后衣片袖窿上的*c*点为后袖绱袖对位记号。

（3）领面原样结构图如图4-2-3（c）所示。

①后领座=3cm，后翻领=3.8cm。

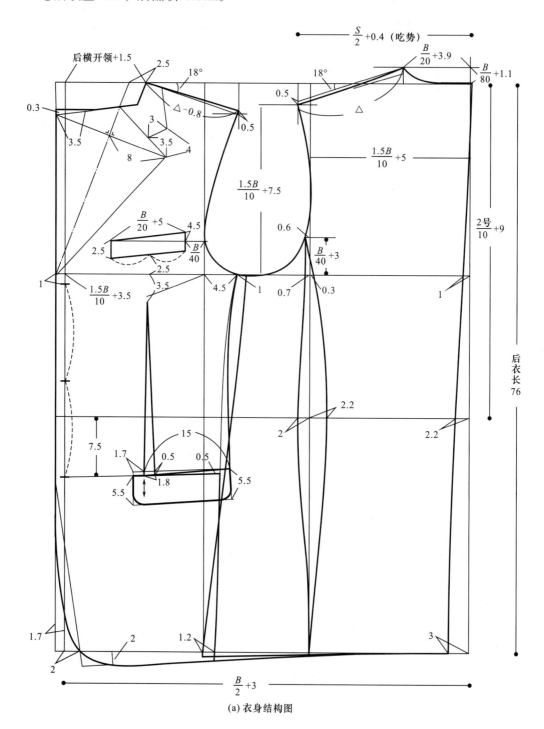

(a) 衣身结构图

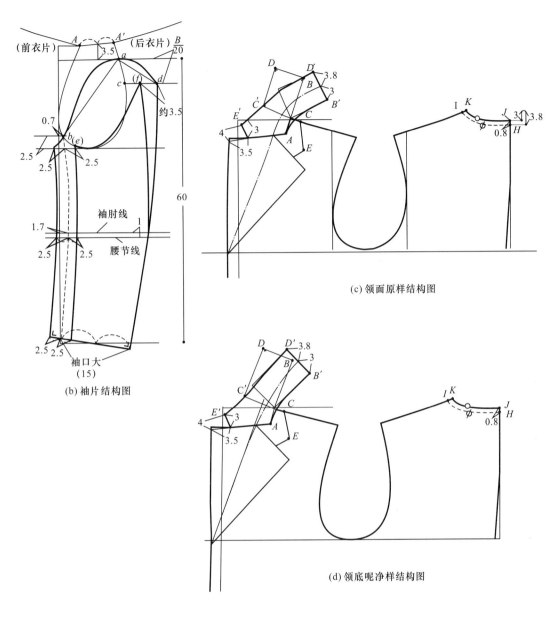

图4-2-3　男西服结构图

②领片上：$C'\,E'$=CE，$C'\,D'$=后翻领外口长，AB'=后领弧长-1.5cm。

（4）领底呢净样结构图如图4-2-3（d）所示。

领片上：$C'\,E'$=CE，$C'\,D'$=后翻领外口长-0.5cm。

2. **挂面、前衣片里分割图**（图4-2-4）

3. **挂面处理图**（图4-2-5）

4. **翻领、领座结构处理图**（图4-2-6）

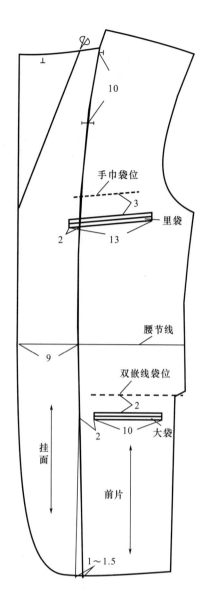

图4-2-4 挂面、前衣片里分割图

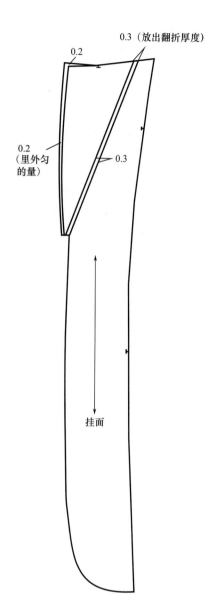

图4-2-5 挂面处理图

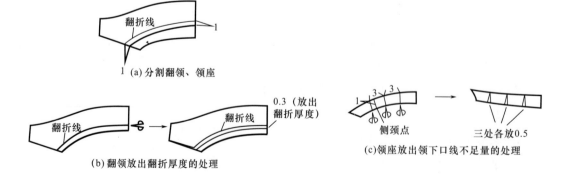

图4-2-6 翻领、领座结构处理图

四、放缝、排料图

1. 面料放缝图（图4-2-7）

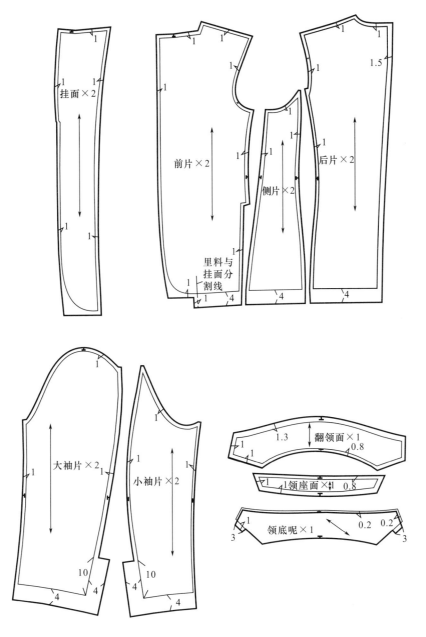

图4-2-7　面料放缝图

2. 里料放缝图（图4-2-8）

3. 零部件毛样裁剪图（图4-2-9）

4. 面料排料图（图4-2-10）

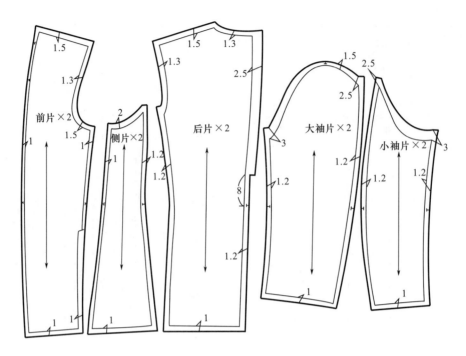

图4-2-8 里料放缝图

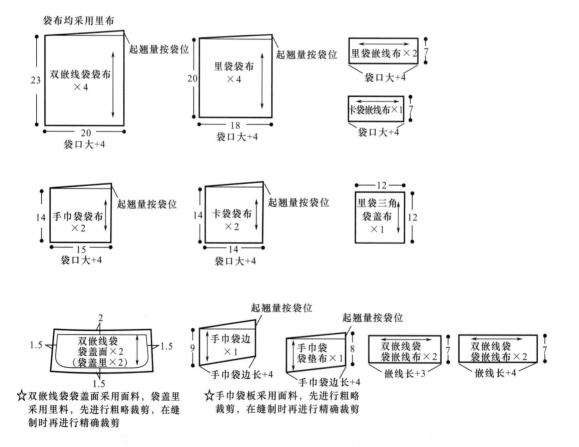

☆双嵌线袋袋盖面采用面料，袋盖里
采用里料，先进行粗略裁剪，在缝
制时再进行精确裁剪

☆手巾袋板采用面料，先进行粗略
裁剪，在缝制时再进行精确裁剪

图4-2-9 零部件毛样裁剪图

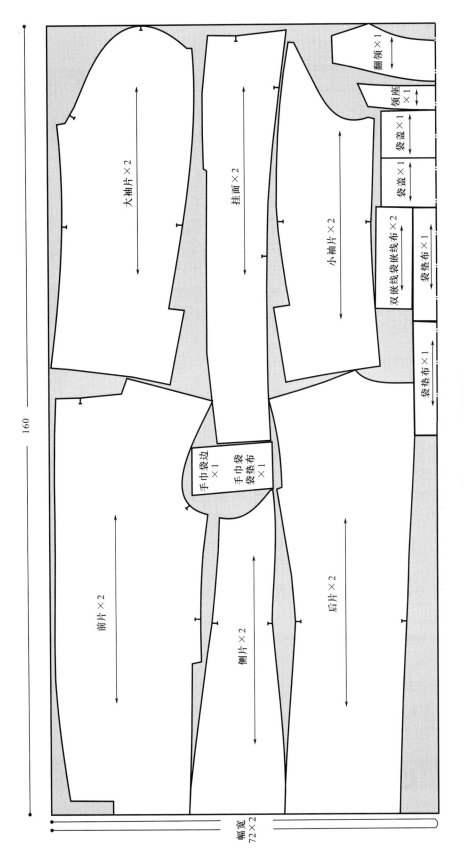

图4-2-10　面料排料图

5. **里料排料图**（图4-2-11）

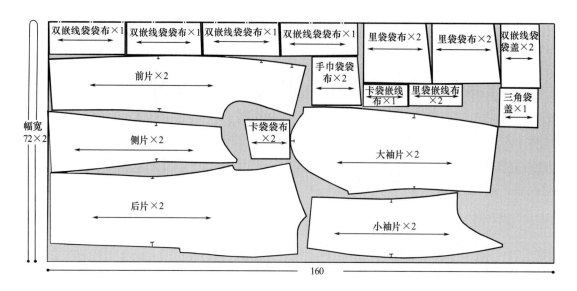

图4-2-11　里料排料图

五、缝制工艺流程、缝制前准备

1. **缝制工艺流程**

打线丁 → 收省，拼合侧片 → 推、归、拔前衣片和侧片 → 缝制手巾袋 → 缝袖窿牵条 → 缝制双嵌线袋袋盖 → 缝制双嵌线袋嵌线布，装袋盖及袋布 → 敷胸衬 → 缝合背缝 → 缝合侧缝、剪袖窿胸衬、分烫侧缝 → 缝合肩缝，装垫肩 → 缝合里料侧缝、挂面 → 缝制里袋 → 缝制领子 → 缝合领面与挂面串口 → 缝合里料背缝、侧缝、肩缝 → 分烫串口、里料肩缝及烫里料侧缝与背缝 → 缝合领面与衣片里料 → 缝合驳角、领串口与领底呢 → 修剪领口处垫肩，画领口 → 缝合领口及领底呢 → 合挂面 → 合止口 → 烫领驳头与挂面 → 固定挂面与领口 → 固定前衣片与挂面、领面与领底呢 → 缝合并固定面料、里料底边 → 制作袖子 → 缝袖子 → 固定垫肩，缝弹袖棉（袖窿衬）→ 缝合袖子里料与袖窿 → 锁眼钉扣 → 整烫

2. **缝制前准备**

（1）在正式缝制前需选用相应的针号和线，调整好针距密度。针号：75/11号或90/14号。用线与针距密度：14～15针/3cm，面、底线均用配色涤纶线。

（2）粘衬及修片：

①烫黏合衬部位：注意黏合衬比裁片要略小0.2cm左右，使用黏合机压烫裁片前，要放正裁片丝缕，先用熨斗粗烫一遍。衬要略松些，自裁片中心向四周熨烫，使其初步固定后再经黏合机压烫定型。这样操作可以避免移动裁片时导致的裁片变形（图4-2-12）。

②修片：衣片过黏合机后，需将其摊平冷却后再重新按裁剪样板修剪裁片，但要注意

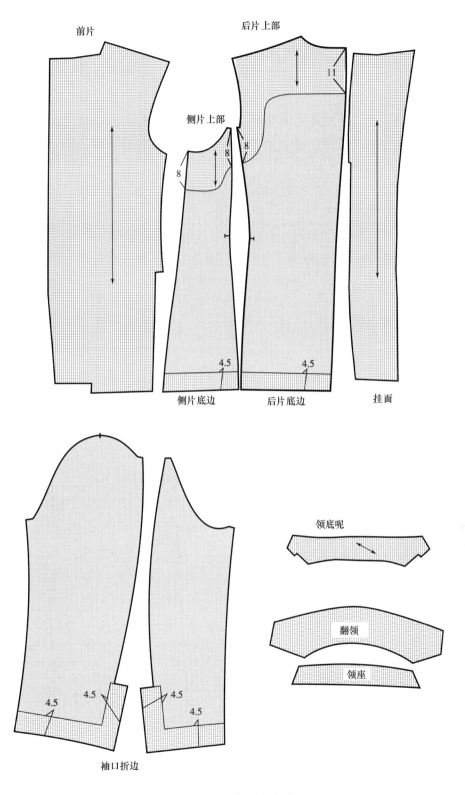

前片

后片上部

侧片上部

11

8

8

8

侧片底边

后片底边

挂面

4.5

4.5

领底呢

翻领

领座

4.5

4.5

4.5

4.5

4.5

袖口折边

图4-2-12　烫黏合衬部位

衣片的丝缕。

六、具体缝制工艺步骤及要求

1. 打线丁

（1）要求：打线丁通常要采用与面料色彩对比较明显的双股白色棉线。线丁的疏密可因部位的不同而有所变化，通常在转弯处、对位标记处可略密，直线处可稀疏。

（2）打线丁部位（图4-2-13）：

①前衣片：串口线、驳口线、领口线、袋位（手巾袋、大袋）、绱袖对位点、腰节线、扣眼位、底边线。

②后衣片：后领弧线、背缝线、腰节线、底边线、绱袖对位点。

③侧片：底边线、腰节线。

④袖片：袖山对位点、袖肘线、袖口线、袖衩线。

也可以放齐衣片，按毛样板作出标记，先打线丁，再劈片，可防止面料滑动，保证丝缕正确。

2. 收省，拼合侧片

（1）收省：

①将肚省沿省中缝剪开，胸省剪至腰节线处［图4-2-14（a）］。

②在省道上部垫一块45°斜丝本色面料，长于省尖1cm，宽2cm，然后车缝胸省［图4-2-14（b）］。

③收省时缝线在省尖处直接冲出，省尖缉尖（条格面料收省后，省道两边的条格要对

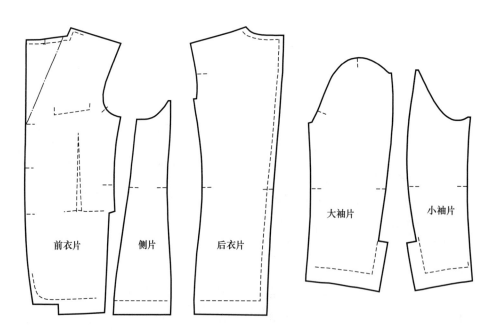

前衣片　　　　　侧片　　　　　后衣片　　　　　大袖片　　　　小袖片

图4-2-13　打线丁部位

称）。

④熨烫省尖缝，在省尖处将靠近省缝的垫布剪一刀口，垫布下端将靠近垫布一侧的一层省缝剪一刀口，省缝分缝熨烫［图4-2-14（c）］。

⑤在肚省剪开处，将上、下片并拢形成一条无缝隙的直线，用2cm宽的无纺衬黏合，靠前中袋口处黏合衬出袋位1.5cm［图4-2-14（c）］。

（2）拼合侧片［图4-2-14（c）］：

①将前衣片放下层、侧片放上层，正面相对叠合对齐，缉缝时袖窿下10cm左右前衣片略有0.2cm吃势，这样可以使胸部造型更加饱满。

②将前衣片反面向上，分烫腋下缝，将拼缝线熨烫顺直。在侧片袋位处粘烫3cm宽的无纺衬。

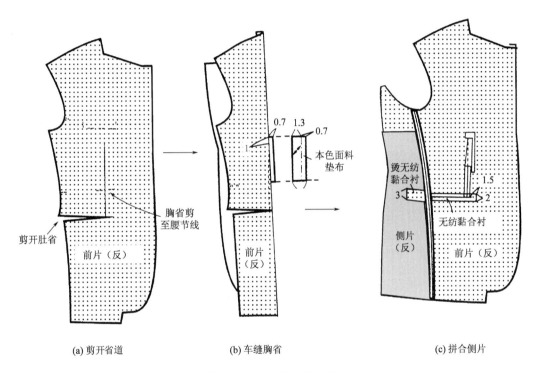

(a) 剪开省道　　　　　　　(b) 车缝胸省　　　　　　　(c) 拼合侧片

图4-2-14　收省、拼合侧片

3. 推、归、拔前衣片和侧片

此道工序也称归拔工艺，是利用熨斗热塑定型的手段塑造胸部、腰部、腹部、胯部等形体造型状态的过程和手段。要求衣片胸部隆起、腰部拔开吸进，驳头和袖窿处归拢。熨烫前衣片止口时，要在驳口处将前衣片向外轻拉，烫后使衣身丝缕顺直（图4-2-15）。

4. 缝制手巾袋

（1）画袋位：在左前衣片上按线丁的标记位置画出袋位［图4-2-16（a）］。

（2）烫黏合衬、缝合手巾袋边与手巾袋袋布A：将黏合衬裁成手巾袋边净样尺寸，烫在手巾袋边的反面；然后按净样扣烫三边，将手巾袋边与手巾袋袋布A缝合［图4-2-16（b）］。

（3）在袋位上缝合手巾袋袋布和袋垫布：先将手巾袋边放在手巾袋袋位线上与衣片一起缝合，再把手巾袋袋垫布的一侧与手巾袋袋布B缝合，然后将手巾袋袋垫布缉缝在手巾袋袋位上方，与袋位线相距1.5cm。缉缝手巾袋袋垫布时，要求手巾袋袋口两端各缩进0.2～0.3cm，以防开袋后袋角起毛［图4-2-16（c）］。

（4）剪三角：先在袋角两端剪三角，再将手巾袋边缝份与手巾袋袋垫布缝份分开烫平，在缝线上、下各车0.1cm的明线，然后将手巾袋两端的三角插入手巾袋边中间［图4-2-16（d）］。

（5）缝合A、B两片手巾袋袋布：将手巾袋袋布放平后，把A、B两片袋布缝合［图4-2-16（e）］。

（6）固定手巾袋袋边两端：在手巾袋边的两端车缝明线，最后熨烫平整［图4-2-16（f）］。

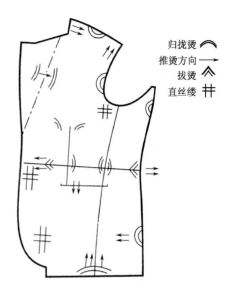

图4-2-15 推、归、拔前衣片和侧片

5. 缩袖窿牵条

（1）车缝黏合牵条：从肩点开始距袖窿边缘0.5cm车缝直丝黏合牵条，要求A点至肩点衣片袖窿收拢0.5cm左右，A点至B点袖窿收拢0.2～0.3cm［图4-2-17（a）］。

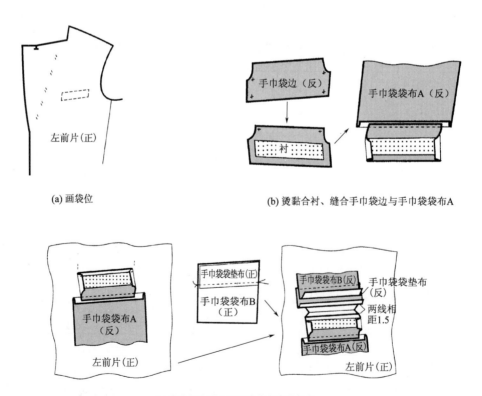

(a) 画袋位

(b) 烫黏合衬、缝合手巾袋边与手巾袋袋布A

(c) 在袋位上缝合手巾袋袋布和袋垫布

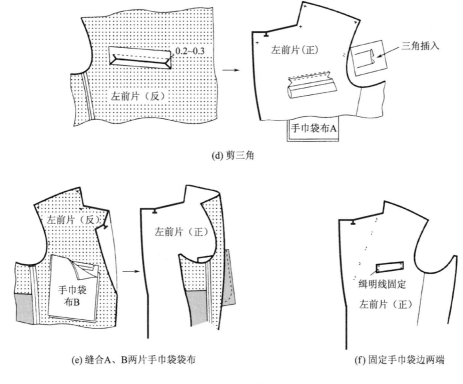

(d) 剪三角

(e) 缝合A、B两片手巾袋袋布　　　　　(f) 固定手巾袋边两端

图4-2-16　缝制手巾袋

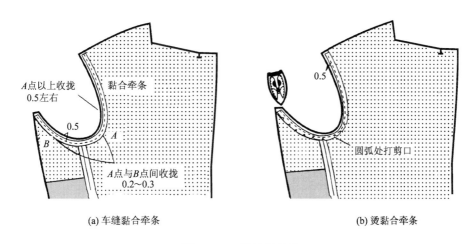

(a) 车缝黏合牵条　　　　　　　　　　(b) 烫黏合牵条

图4-2-17　绱袖窿牵条

（2）烫黏合牵条：在圆弧处打剪口，用熨斗将黏合牵条烫牢［图4-2-17（b）］。

6. 缝制双嵌线袋袋盖

（1）检查袋盖裁片、画袋盖净样：将袋盖面净样板放在袋盖面上并画袋盖净样，要求袋盖面为直丝缕［图4-2-18（a）］。

（2）车缝袋盖：袋盖面、袋盖里正面相对，将袋盖里在上、袋盖面在下，并沿边对齐，并沿净线车缝三边。车缝袋盖两侧及圆角时，要求里料适当拉紧，两圆角圆顺［图

4-2-18（b）]。

（3）修剪缝份：先将车缝后的三边缝份修剪为0.3～0.4cm,圆角处修剪为0.2cm；然后将缝份向里料一侧烫倒［图4-2-18（c）］。

（4）烫袋盖：先将袋盖翻到正面，翻圆袋角，抻平止口，圆角窝势自然，然后沿边手针假缝固定，最后将袋盖熨烫平整［图4-2-18（d）］。

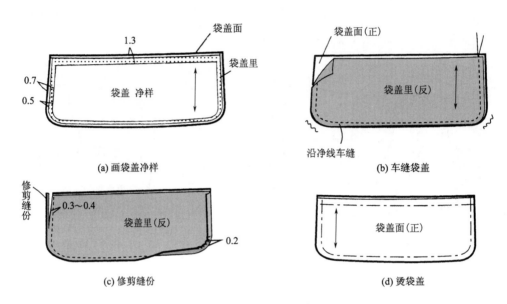

图4-2-18　缝制双嵌线袋袋盖

7. 缝制双嵌线袋嵌线布，装袋盖及袋布

（1）画嵌线袋长度和宽度：先在嵌线布反面烫上无纺黏合衬，然后画出嵌线的长度和宽度，再沿嵌线的中线从一端剪到距另一端1cm处为止［图4-2-19（a）］。

（2）缉缝嵌线布：在衣片正面袋位处缉缝嵌线布，两端倒回针固定，再剪开余下的1cm［图4-2-19（b）］。

（3）翻烫、车缝嵌线布：开袋时衣片上袋口两端剪成Y形，将嵌线布从剪口处翻到衣片反面；整理嵌线布的宽度至合适后用手针假缝固定，最后车缝固定袋口两端的三角，并车缝固定袋布A与下嵌线布［图4-2-19（c）］。

（4）安装、固定袋盖：先将袋垫布的下端与袋布B车缝固定（图中a线）；再把袋盖与袋垫布、袋布上端对齐，一起车缝固定（图中b线）；然后将袋盖从袋口处穿到正面，最后把袋布A与袋布B对齐车缝四周固定。注意上、下嵌线布不能豁开［图4-2-19（d）］。

8. 敷胸衬

（1）手针敷胸衬：将成品胸衬与前衣片反面对齐，上部距驳口线1cm，下部距驳口线1.5cm；衣片胸部凸势与胸衬应完全一致，然后在前衣片正面用手针敷胸衬。注意衣片

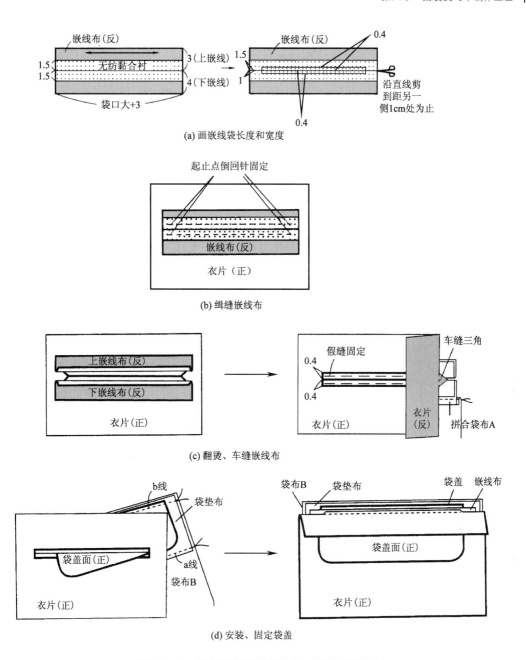

(a) 画嵌线袋长度和宽度

(b) 缉缝嵌线布

(c) 翻烫、车缝嵌线布

(d) 安装、固定袋盖

图4-2-19　缝制双嵌线袋嵌线布，装袋盖及袋布

与胸衬要尽量吻合，针距一致，缝线平顺［图4-2-20（a）］。

（2）粘烫直丝牵条：先将敷胸衬的衣片进行整烫，使衬与衣片平服贴合，然后在胸衬与驳口处粘烫直丝牵条，要求牵条的一半要压住胸衬，烫牵条时中间部位要拉紧一些，黏合后在牵条上缲三角针固定［图4-2-20（b）］。

（3）按净线烫贴牵条、修剪袖窿缝份：围绕前领口、前止口及止口圆角处的净线烫贴牵条，然后将胸衬与衣片肩线修齐，胸衬袖窿与衣片袖窿修剪整齐后用手针将两者固定［图4-2-20（c）］。

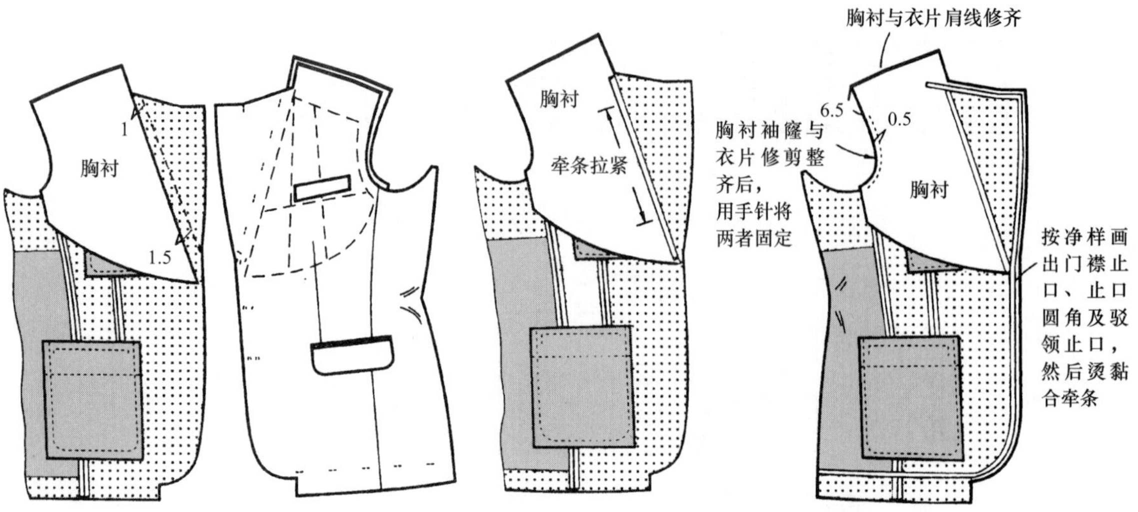

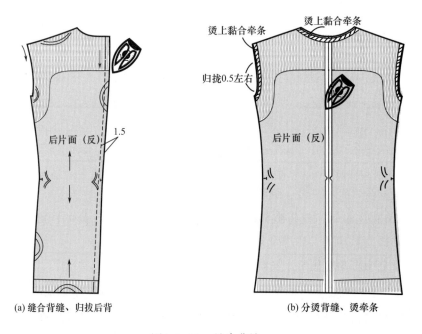

(a) 手针敷胸衬 (b) 粘烫直丝牵条 (c) 按净线烫贴牵条、修剪袖窿缝份

图4-2-20 敷胸衬

9. 缝合背缝

（1）缝合背缝、归拔后背：将两后衣片对齐，缝合背缝，用熨斗归烫后背上部外弧量，拔出腰节部位内弧量，袖窿、肩部稍归拢、侧缝胯部稍归拢、腰部拔开，使之符合人体的背部曲度［图4-2-21（a）］。

（2）分烫背缝、烫牵条：先将后背缝分开烫平，然后在袖窿及领口处烫黏合牵条［图4-2-21（b）］。

(a) 缝合背缝、归拔后背 (b) 分烫背缝、烫牵条

图4-2-21 缝合背缝

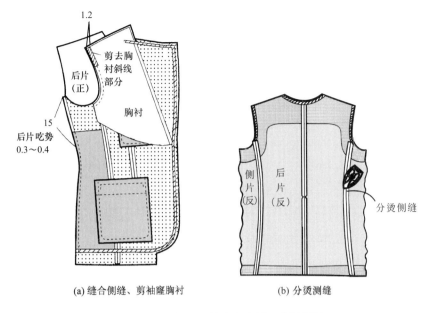

(a) 缝合侧缝、剪袖窿胸衬　　　　　　　(b) 分烫测缝

图4-2-22　缝合侧缝、剪袖窿胸衬、分烫侧缝

10. 缝合侧缝、剪袖窿胸衬、分烫侧缝

（1）缝合侧缝、剪袖窿胸衬：将前衣片放在后衣片上，正面相对车缝侧缝，袖窿下15cm这段侧缝后衣片吃进0.3～0.4cm，注意侧缝上部不要拉长；然后根据袖窿弧势剪去袖窿刀口至肩缝这段胸衬，宽为1.2cm［图4-2-22（a）］。

（2）分烫侧缝：将缝份分开烫平［图4-2-22（b）］。

11. 缝合肩缝，装垫肩

（1）缝合肩缝：缝合时，靠近领口2cm及靠近袖窿4cm段平缝，后中段肩缝吃势均匀。要求缝线顺直［图4-2-23（a）］。

（2）分烫肩缝：先不用蒸汽用熨斗将肩缝分开，再放蒸汽熨烫，然后用手在领口A点开始的3～4cm肩缝附近捏住，稍向前身拉，使肩缝略呈S形后归拢熨烫，最后归拢后身肩头处［图4-2-23（b）］。

（3）固定胸衬与面料：在直开领与靠袖窿肩头位置，分别放置2条5cm和2.5cm的双面黏合衬，然后用左手将前衣片略微托起，再将胸衬与面料熨烫固定［图4-2-23（c）］。

（4）装垫肩：将垫肩的对位剪口与衣身肩缝对齐，垫肩稍出袖窿0.3～0.4cm，注意垫肩两端不能缩进于衣身袖窿；然后将前、后身肩部挼窝服，并用手针固定，注意在距肩点1/3肩缝处不缝，以便于后面的绱袖［图4-2-23（d）］。

12. 缝合里料侧缝、挂面

（1）缝合里料侧缝：先将里料侧片放在里料大身上，顺直平缝，缝份为1cm。

（2）缝合里料与挂面：将里料放在挂面上，里料刀口A、B与挂面刀口A′、B′对齐后开始缝合，里料B到C这段吃势为1cm，其余平缝，缝份为1cm。缝制时，要求里料平

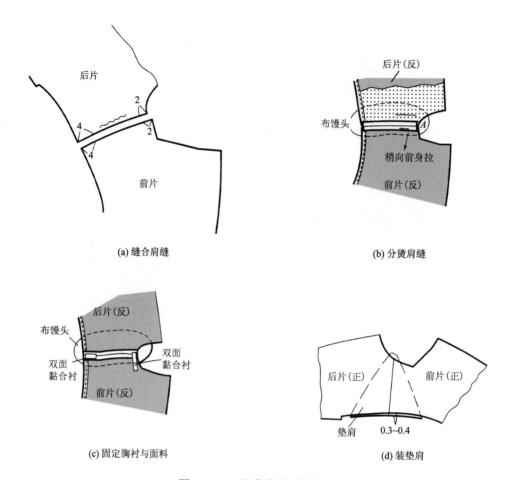

图4-2-23 缝合肩缝，装垫肩

顺，松度自然，缝份一致，无抽丝。

（3）熨烫缝份：衣片反面向上，将缝份倒向侧缝熨烫，要求熨烫后正面无坐缝（图4-2-24）。

13. 缝制里袋

（1）画里袋位：里料正面向上，按图4-2-2的口袋位置及规格，画出左、右两个里胸袋，在左前片上画一个卡袋；然后在袋位反面烫上无纺黏合衬，宽为1.5cm，长为袋口长+1cm。

（2）缝制里袋三角袋盖：里袋三角袋盖在右里胸袋上，具体制作步骤如下：

①在三角袋盖布的反面烫上黏合衬［图4-2-25（a）］。

②将三角袋盖布反面相对对折，两边对齐后对折烫平［图4-2-25（b）］。

③将对折线两端*A*、*B*两点向上折至*C*～*D*的中点，要求中间的两条线对齐，然后烫平［图4-2-25（c）］。

④展开三角袋盖布，将三角袋盖面向上，在中线上距折边线1.3cm处，锁一个扣眼，扣径大2cm［图4-2-25（d）］。

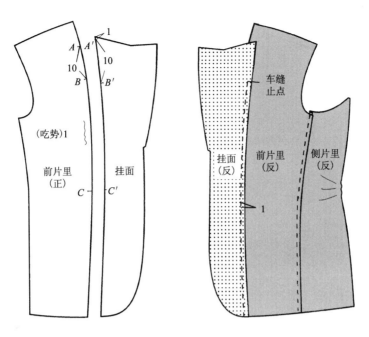

图4-2-24　缝合里料侧缝、挂面

⑤重新折成三角状，在距三角尖嘴5cm处画一条直线，与里袋布一道缝合［图4-2-25（e）］。

（3）缝制里袋、卡袋：缝制方法同双嵌线袋。注意只在右里袋装有三角袋盖［图4-2-25（f）］。

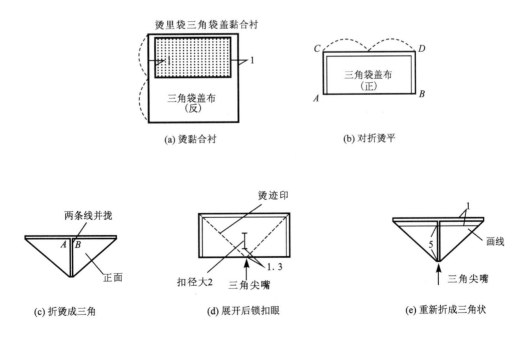

图4-2-25

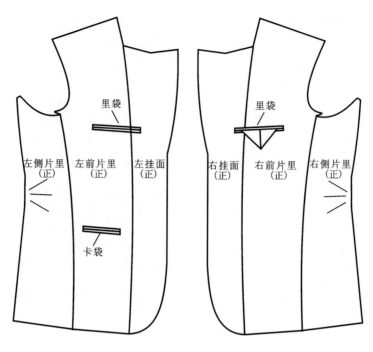

(f) 缝制里袋、卡袋

图4-2-25　缝制里袋

14. 缝制领子

（1）画翻领对位记号：将领角样板放在翻领上，与领串口线、领角及翻领的下部拼接线三边对齐，并画出翻领面缝份与后中对位记号［图4-2-26（a）］。

（2）缝合翻领面与底领：翻领拼接线上共有5个剪口，分为6段，将翻领和底领正面相对，A段上、下层平缝，B段将底领吃进0.15cm，C段上、下层平缝。缝份0.8cm，然后修剪缝份至0.5cm，另一侧方法相同［图4-2-26（b）］。

（3）烫翻领、底领拼缝并固定：先将翻领和底领拼接线的缝份分开烫平，在翻领一侧的缝份上缉一条0.1cm的线；然后在底领侧颈点剪口位置上的拼缝处，左右两端各粘一段4cm长的双面黏合衬，注意熨烫时不可将底领的曲势压平［图4-2-26（c）］。

（4）拉领底呢翻折线的皱度：将领底呢正面向上，领外口朝向操作者左手方向，拼接线起点宽为2.5cm，中部宽为2.8cm，AB段与EF段平缝，BC与DE段以侧颈点剪口为中心各向两边约3cm的间距收拢约0.4cm，CD间收拢约0.4cm［图4-2-26（d）］。

（5）领底呢两领角处拼接里料：在领底呢的两领角处拼接一块45°的斜丝里料，车缝0.1cm固定，两领角各探出1cm［图4-2-26（e）］。

（6）三角针缝合领底呢与翻领：将领底呢的外口盖住翻领外口1cm，然后用三角针固定。要求翻领略吃进，吃势要左右对称［图4-2-26（f）］。

（7）缝合领角：领底呢反面向上，在领底呢与领角里料拼接缝上车缝［图4-2-26（g）］。

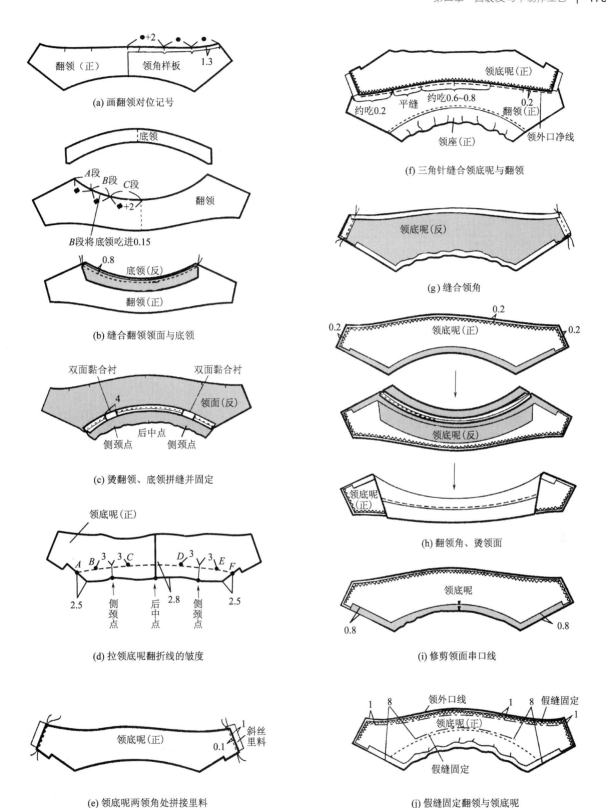

(a) 画翻领对位记号

(b) 缝合翻领领面与底领

(c) 烫翻领、底领拼缝并固定

(d) 拉领底呢翻折线的皱度

(e) 领底呢两领角处拼接里料

(f) 三角针缝合领底呢与翻领

(g) 缝合领角

(h) 翻领角、烫领面

(i) 修剪领面串口线

(j) 假缝固定翻领与领底呢

图4-2-26　缝制领子

（8）翻领角、烫领面［图4-2-26（h）］：

①先修剪领角缝份，然后翻转翻领领角到正面；再将翻领的外口根据样板的形状烫出0.2cm里外匀。

②将领底呢的领座部分向操作者方向折倒，然后沿翻折线烫平。

③根据领底呢折转的状态，将领座部分折倒并烫平。

（9）修剪领面串口线：领面串口处多出领底呢0.8cm，修剪掉多余的量。然后检查左右领角是否对称，要求两领角误差不大于0.15cm［图4-2-26（i）］。

（10）假缝固定翻领与领底呢：

①领底呢正面向上、领外口向外，然后放平翻领部分，沿领外口线用手针假缝固定，假缝线距领外口线1cm、距两领角1cm［图4-2-26（j）］。

②底领部分呈波浪状放置，在距串口线约8cm处开始沿翻领和底领的拼接线假缝固定到另一侧相应点结束［图4-2-26（j）］。

15. **缝合领面与挂面串口**

将领面串口反面向上，与挂面串口线对齐，同时对齐装领止点车缝，缝份为1cm。注意领角应左右对称（图4-2-27）。

16. **缝合里料背缝、侧缝、肩缝**

（1）缝合里料背缝：自上而下沿背缝线平缝，缝份为1cm［图4-2-28（a）］。

（2）缝合里料侧缝：将侧片放于后片上，由侧缝最上部向下约15cm的间距，后片里料有0.4cm左右的吃势，其余平缝，缝份为1cm［图4-2-28（b）］。

（3）缝合里料肩缝：将前片里料放在后片里料上，从领口处至肩缝约1/2处有1cm左右的吃势。

17. **分烫串口、里料肩缝及烫里料侧缝与背缝**

（1）分烫串口：将衣片的串口放在烫台上，领子、驳领朝向操作者左手方向，分烫串口缝，烫时需用力归拔0.2cm，烫至距领子、驳角交接点约2.5cm处停止不烫（图4-2-29）。

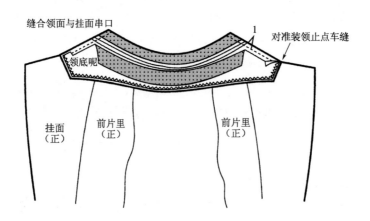

图4-2-27 缝合领面与挂面串口

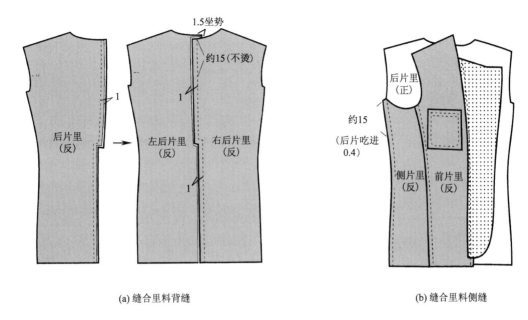

(a) 缝合里料背缝　　　　　　　　　　　　(b) 缝合里料侧缝

图4-2-28　缝合里料背缝、侧缝

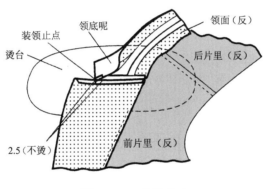

图4-2-29　分烫串口

（2）烫里料肩缝：缝份倒向后片，正面无坐缝。

（3）烫里料侧缝与背缝：里料反面向上，将侧缝向后片顺着熨烫，坐缝0.2cm；然后将背缝倒向操作者方向，从底边烫至距领口约15cm处结束，里料正面有坐缝。

18. **缝合领面与衣片里料**

将衣片里料放在挂面及领下部上，后领口朝向操作者右手方向，先缝合衣片里料与挂面及肩头剪口以前一段。缝合后领口里料时，注意背缝里料上部有坐缝，坐缝与领中心剪口对准，背缝折向操作者相反方向。缝合完成后，检验串口处领下部宽窄是否一致（图4-2-30）。

19. **缝合驳角、领串口与领底呢**

（1）缝合驳角：先对准装领止点刀口，缝合左边驳角，驳角处挂面止口与大身止口对齐，缝合时要求挂面吃进0.3cm，以便烫出里外匀，缝合到领串口处为止，缝份为0.9cm

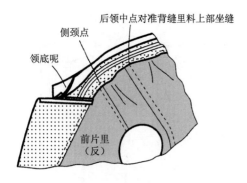

后领中点对准背缝里料上部坐缝
侧颈点
领底呢
前片里
（反）

图4-2-30　缝合领面与衣片里料

［图4-2-31（a）］。

（2）缝合领串口与领底呢：略拔面料串口缝，将领底呢略进于大身装领止点刀口约0.1cm车缝，注意检查驳角的里外匀；然后在装领止点、领底呢与领口缝合止点打剪口［图4-2-31（b）］。

（3）烫驳角及领底呢上的串口线：将驳角翻到正面，大身与领底呢正面向上，领子朝外放在烫台上，分别放好领串口（面）的缝份及领底呢与大身的缝份，并将领角处已打剪口的缝份往下坐倒，同时将领底呢盖在大身领口上，放好领角处约0.15cm的里外匀，放顺驳头及领子的形态，烫顺驳角及领底呢上的串口线［图4-2-31（c）］。

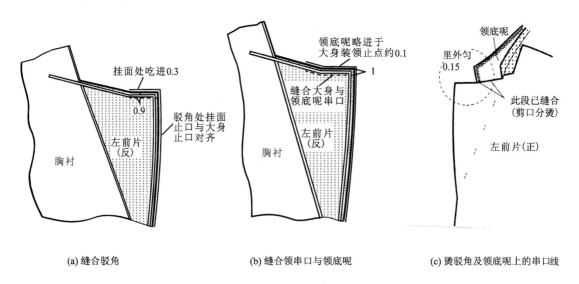

挂面处吃进0.3
0.9
驳角处挂面止口与大身止口对齐
左前片（反）
胸衬

领底呢略进于大身装领止点约0.1
1
缝合大身与领底呢串口
左前片（反）
胸衬

领底呢
里外匀0.15
此段已缝合（剪口分烫）
左前片（正）

(a) 缝合驳角　　　　　　　(b) 缝合领串口与领底呢　　　　　　(c) 烫驳角及领底呢上的串口线

图4-2-31　缝合驳角、领串口与领底呢

20. 修剪领口处垫肩，画领口

（1）修剪领口处垫肩：垫肩修剪后，垫肩与领口平齐。

（2）画领口：将衣片领口朝向操作者，后片正面向上，放平后领口，根据后领口样板画领口缝份1cm。

21. 缝合领口与领底呢

将衣片正面向上，领底呢盖过领口1cm，底领方角刚好盖住串口线转角点，领底呢的侧颈点、后中点分别与衣片的侧颈点、后中点对准，先用手针假缝固定，再用三角针固定。要求侧颈点至后中点的领口内，领底呢吃势约0.3cm，其余平缝。注意三角针缝线要盖过原已缝合的领底呢末端约1cm（图4-2-32）。

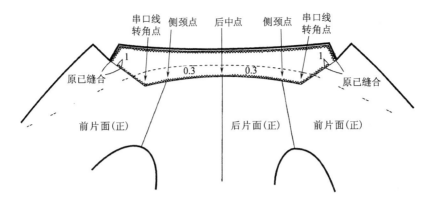

图4-2-32　缝合领口与领底呢

22. 合挂面

合左边挂面时，先用右手捏出驳头上端的吃势量，左手在第一粒扣位处捏住大身和挂面，挂面与第一粒扣位大身止口处平齐，自上而下用手针合挂面。驳角下5～6cm处手针假缝第一段固定线，此段挂面吃势为0.3～0.4cm。在大身扣眼位处手针假缝第二段固定线，前片略下拉，在第二段固定线向上4～5cm内吃势为0.3cm。在大袋盖1/2处手针假缝第三段固定线，第三段、第四段内无吃势，止口圆角处挂面向下拉0.2cm，向内拉0.3～0.5cm（图4-2-33）。

缝合右边挂面的方法同左边。

23. 合止口

（1）画驳角：在大身反面的驳头处，对准装领止点画出驳角大小。

（2）缝合止口、修剪缝份：大身反面向上，从驳头到止口圆角按净线车缝，要求缝线顺直；然后拆去假缝线，再修剪缝份，大身止口缝份留0.4cm，挂面止口缝份留1cm；止口圆角处大身止口缝份留0.3cm，挂面止口缝份留0.5～0.6cm；最后剪去驳角处三角［图4-2-34（a）］。

（3）分烫止口、扣烫底边：

①分烫止口：将左右两边止口分别放在止口分烫模上，顺直分烫，注意不要将止口拉长、烫还口。然后在距挂面与里料拼缝处约1cm的挂面上粘一条双面黏合衬，长度为里袋口至过串口线3～4cm处止。

②扣烫底边：按底边净线进行扣烫。

（4）检查驳角：将驳角翻至正面，检查驳角是否对称，若不对称则需修正，使之对称。

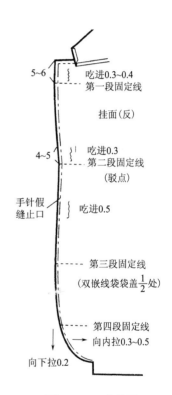

图4-2-33　合挂面

（5）止口缭缝：

①门襟止口缭缝的一般次序为：左前身眼位至底边 → 右前身底边至眼位 → 左前身眼位至领驳交接点 → 右前身领驳交接点至眼位。

②缭缝左前身眼位至底边时，将左前身挂面向上，从眼位处开始顺直缭缝至过挂面与里料拼接线约2cm处止。注意平驳领西装止口圆角以及挂面与贴边交接处要顺着缭缝。

③缭缝左前身眼位至领驳交接点时，将大身正面向上，从眼位处开始顺直缭缝至领驳交接点。右前身缭缝原理同左前身。

要求止口里外匀一致，为0.1cm，缭缝缝份为0.3~0.4cm。注意眼位交接处止口里外匀要到位［图4-2-34（b）］。

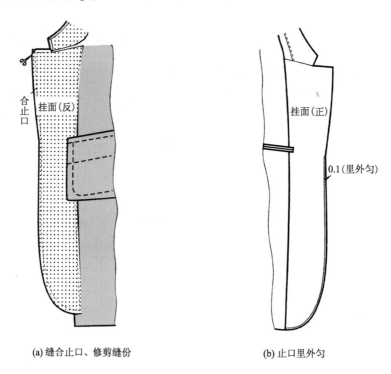

（a）缝合止口、修剪缝份   （b）止口里外匀

图4-2-34 合止口

24. 烫领驳头与挂面

在烫领驳头与挂面时，驳头上部及靠近领角部位、挂面及领面应留有适当松量。同时检查驳口线末端距眼位固定线是否为1cm（图4-2-35）。

25. 固定挂面与领口

（1）固定挂面与大身至里袋口：将驳头按驳口线折向大身正面，里料向上，放平里袋袋布，用手捏住面料与里料拼缝处底边，并做出止口圆角处里外匀窝势，从距底边5~6cm处开始固定挂面与大身至里袋口止［图4-2-36（a）］。

（2）从背缝处固定至里袋：里料向上放平，领角线及驳口线因烫痕呈自然凸起状，然后对准面、里背缝，从背缝处固定至里袋。背缝处需倒回针固定［图4-2-36（b）］。

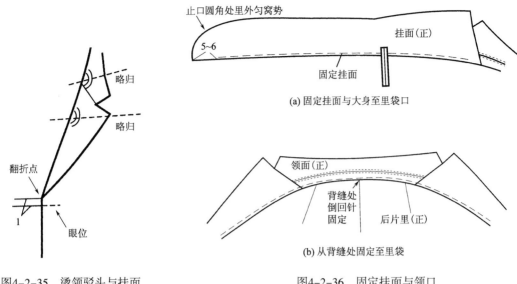

图4-2-35　烫领驳头与挂面　　　　　　图4-2-36　固定挂面与领口

26. 固定前衣片与挂面、领面与领底呢

（1）固定前衣片与挂面：将衣身面、里料反面向上，从距前片底边约8cm处开始将挂面缝份与衣身缲缝住，正面不能露针迹，也不能缲住手巾袋袋布。

（2）固定领面与领底呢：将领面向上，在分割线下端车缝固定领面与领底呢（图4-2-37）。

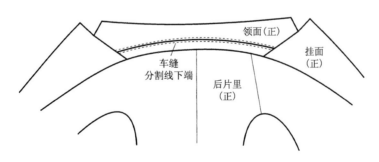

图4-2-37　固定领面与领底呢

27. 缝合并固定面料、里料底边

（1）缝合面料、里料底边：将衣身翻到反面，里料放在面料上，缝合底边。要求面、里的腋下缝、侧缝、背缝对正［图4-2-38（a）］。

（2）固定面料、里料底边：按底边贴边的折痕，将缝合后的底边缝份与面料的腋下缝、侧缝、背缝车缝固定。

（3）烫里料底边：将衣片翻到正面，里料底边距面料底边1.5cm，向挂面逐渐过渡烫平［图4-2-38（b）］。

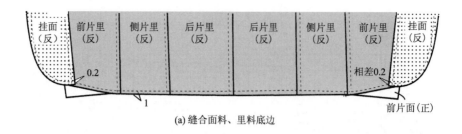

(a) 缝合面料、里料底边

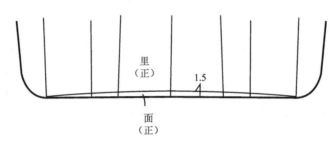

(b) 固定面料、里料底边

图4-2-38 缝合并固定面料、里料底边

28. 制作袖子

（1）缝制袖子面料：

①大袖袖衩锁眼、拔大袖内袖缝：先将大袖衩锁眼3个；然后在大袖片的袖肘位置拔开内袖缝，使之呈自然弯曲状；最后将大、小袖口贴边按线丁位置扣烫［图4-2-39（a）］。

②制作袖衩：先缝合大袖衩三角，距边1cm倒回针固定；小袖衩按线丁位置车缝，距边1cm倒回针固定；把袖口贴边翻到正面，按线丁扣烫［图4-2-39（b）］。

③合袖缝：先缝合外袖缝及袖衩，将小袖衩转角处的缝份打剪口，分缝烫平，再缝合内袖缝，然后分缝烫平。

（2）缝制袖子里料：先缝合外袖缝，再缝合内袖缝，缝份为1cm，注意内袖缝只缝合上下两段，上为6cm，下为14cm，中间部分作为翻口；然后将内、外袖缝份向大袖片烫倒（图4-2-40）。

（3）缝合、固定袖子面料与里料：

①缝合袖口面料与里料：将面、里料正面相对，并使袖片面位于袖里上，对准袖子内袖缝，从内袖缝开始缝合袖口面料与里料，在袖衩位大、小袖片折边处要对齐并倒回针车缝固定（图4-2-41）。

②固定面料、里料袖缝：拿一只反面向外的袖子，使小袖片面料与里料相对，根据袖口烫痕，捏好袖口折边4cm，折转袖口并对准面料、里料袖缝上的刀口，使袖口里料坐

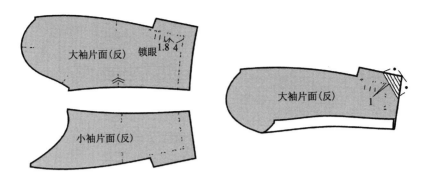

(a) 大袖袖衩锁眼、拔大袖内袖缝

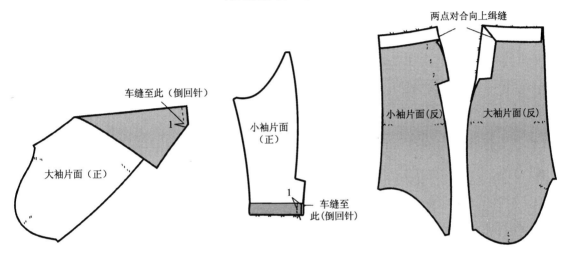

(b) 制作袖衩

图4-2-39　缝制袖子面料

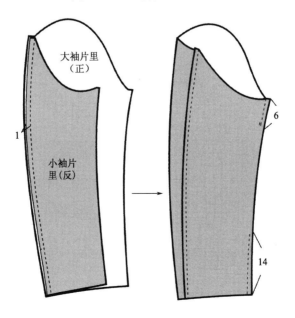

图4-2-40　缝制袖子里料

进0.5cm，将面、里袖的内袖缝以袖肘点的对位记号为准上下各7cm左右车缝固定；最后将袖子翻至正面，检查袖片里长出袖片面的长度是否标准，内袖缝处长出2.5cm，外袖缝处长出1.5cm（图4-2-41）。

29. 绱袖子

（1）抽袖山吃势量：用手针收袖山吃势量或用斜丝布条收拢，手缝针迹要小、紧密、均匀，并位于袖山净线以外0.3cm左右处，然后在专用的圆形烫凳上用蒸汽熨斗将袖山头烫圆顺并定型（图4-2-42）。

（2）绱袖：先绱左袖，从衣身袖窿靠近侧缝的对位点开始绱袖，将袖子与衣身袖窿上的各对位点对准，依次绱后袖窿、肩头及前袖窿。要求袖子的袖山点对准衣片的肩点，袖子的外袖缝对准后衣片的对位点（图4-2-43）。

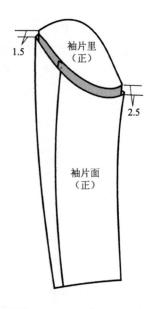

图4-2-41 缝合、固定袖子面料与里料

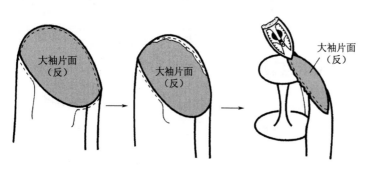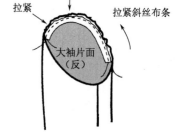

图4-2-42 抽袖山吃势量

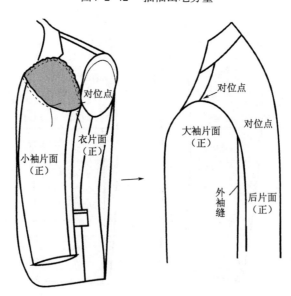

图4-2-43 绱袖子

绱右袖的方法同绱左袖。绱袖时，也可先用手针假缝，调整好袖子的位置后再车缝，缝份为1cm。要求缝份顺直，袖子前登、后圆。

（3）分烫袖山头缝份：

①先将衣片里向外，袖窿朝向操作者方向，将袖山头及肩头部位放在袖山分烫模上。

② 向外翻起袖山处垫肩，根据对位刀口分烫袖山缝份，前肩分缝刀口位于前身胸衬缺口处，后身分缝刀口距肩缝约6.5cm。要求袖山头分缝顺直，不能将缝份拉长或拉还口。

③轧袖窿（此步骤需用专用的袖窿模及专用设备）是将袖窿处衣身里料退下，衣身面料反面与袖窿模贴住，袖子面料反面向上，然后将袖窿放平、烫服，轧烫绱袖各部位（除袖山外）。将绱袖处各部位轧圆，一只袖子一般需分次轧。完成后应检查各部位是否轧顺。

30. 固定垫肩，缝弹袖棉（袖窿衬）

（1）手针假缝固定袖窿处垫肩：

①衣身正面向上，领子朝外，袖子朝操作者方向，掀起袖窿处里料，将肩头及袖窿放在专用的圆柱状模具上，两手在模具两边固定袖窿处面料与垫肩，以便做出里外匀。

②从肩缝向下约9cm的前袖窿处开始沿袖窿，顺着固定至后袖窿外袖缝处的垫肩止点结束（图4-2-44）。注意垫肩固定后袖缝不能起吊或歪斜。

（2）缝弹袖棉：采用市售成品弹袖棉（弹袖棉两端的形状为一大一小），将大的一端放在前袖窿对位点下1cm处，从此点开始将弹袖棉与袖窿缝份手缝固定。要求弹袖棉与面料的边缘对齐，手缝线迹距面料边缘0.85cm。

图4-2-44　手针假缝
固定袖窿处垫肩

31. 缝合袖子里料与袖窿

（1）袖窿里料定位：里料面向外，将袖窿套于车位上，左袖从侧缝处开始用专用定位机器定位车缝，经前袖窿、后袖窿至侧缝止；右袖从侧缝处开始定位车缝，经后袖窿、前袖窿至侧缝止。定位后要求袖窿里料丝缕顺直，缝份要求在0.5cm以内，定位线迹不能超过绱袖线。

（2）缝合袖里料与袖窿：袖里料向外，手从里料内袖缝未缝合的部位穿进，捏准面、里内袖缝，然后以1cm的缝份开始缝合。要求缝线不能超过原绱袖线，里料绱袖，前后圆顺，丝缕顺直。

（3）缝合袖里上的翻口：将缝合完成的袖子翻至袖里料向外，根据袖里料原缝份的大小，将袖里翻口处的缝份向里折进，以0.1cm缝份缝合，起始与结束需倒回针固定；最后将完成后的袖子翻至正面。

32. 锁眼、钉扣

（1）画扣位：将左衣身里料向上，在左挂面上画出扣位（图4-2-45）。

（2）锁扣眼：用圆头锁眼机在衣片左边按扣位进行锁眼。

（3）钉扣：在衣片右边按扣位用钉扣机将纽扣钉上。

扣位与眼位相对应，在衣片的右边，距止口2cm处用钉扣机将纽扣钉上。

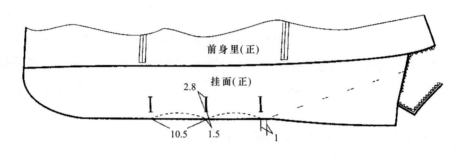

图4-2-45 画扣位

33. 整烫

拆除所有制作过程中的假缝线，将西装置于整烫机专用凸起的馒头架上，按胸部造型进行塑型压烫，再按顺序熨烫肩头部位、前底边，然后熨烫后背部位。熨烫至袖窿部位时要沿袖窿缝压烫，切忌压烫到袖山头及袖缝上，要使袖子保持自然丰满的状态。最后可将西装置于立体整烫机上进行立体整烫处理。

七、缝制工艺质量要求及评分参考标准（总分100分）

（1）规格尺寸符合设计要求（10分）。

（2）翻领、驳头、领串口均要求对称，并且平服、顺直，领翘适宜，领外口不反吐（20分）。

（3）两袖山头圆顺，吃势均匀，前后适宜。两袖长短一致，袖口大小一致，袖开衩倒向正确、大小一致，袖口扣位左右一致（20分）。

（4）各省缝、省尖、侧缝、袖缝、背缝及肩缝均顺直、平服（10分）。

（5）左、右门襟长短一致，止口圆角左右对称、圆顺，扣位高低对齐（10分）。

（6）胸部丰满、挺括，面、里袋袋位正确，袋盖窝势适宜，嵌线端正、平服（10分）。

（7）里料、挂面及各部位松紧适宜、平顺（10分）。

（8）各部位熨烫平服，无亮光、烫迹、折痕，无油污、水渍，面、里无线丁、线头等（10分）。

第三节 男马甲制作工艺

一、概述

1. 款式分析

本款为男马甲的经典款式，通常与西装上衣、裤子组成西装三件套。前门襟呈V字领，单排5粒扣，前下摆尖角，有4个挖袋，前身收省，侧缝开短衩；后身设有背缝，收腰省，束腰带。前身面料同西装面料，后身面、里料均采用西装里料。款式如图4-3-1所示。

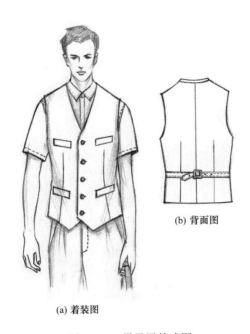

(b) 背面图

(a) 着装图

图4-3-1 男马甲款式图

2. 面、里料选择

（1）面料：纯毛、棉、麻、毛涤混纺或化纤面料均可。

（2）里料：涤丝纺、尼丝纺、人丝涤纶混纺里料等织物均可。

3. 面、辅料参考用量

（1）面料：幅宽144cm，用量约65cm。用料估算公式为后衣长+10~15cm。

（2）里料：幅宽144cm，用量约75cm。用料估算公式为后衣长+22~24cm。

（3）辅料：薄型针织黏合衬65cm，腰带扣1副，纽扣5粒，袋布50cm，黏合牵条适量。

4. 男马甲平面图

男马甲的平面图如图4-3-2所示。

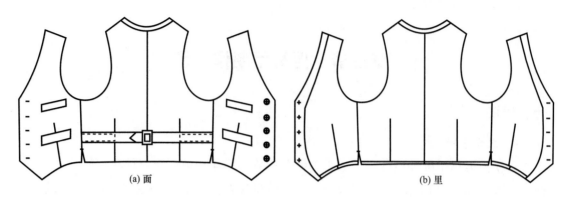

图4-3-2　男马甲平面图

二、制图参考规格（不含缩率）

单位：cm

号/型	后中长	肩宽（S）	胸围（B）（放松量为4cm）	手巾袋口大	手巾袋边宽	大袋口大	大袋边宽	侧开衩长
170/84A		31.8	84+4=88	7.4		11.5		
170/88A	50.5	32.4	88+4=92	7.7	2	12	2.5	3
170/92A		33	92+4=96	8		12.5		
175/88A		32.4	88+4=92	7.7		12		
175/92A	52	33	92+4=96	8	2	12.5	2.5	3
175/96A		33.6	96+4=100	8.3		13		
180/88A		32.4	88+4=92	7.7		12		
180/92A	53.5	33	92+4=96	8	2	12.5	2.5	3
180/96A		33.6	96+4=100	8.3		13		

注　男马甲胸围的放松量可根据款式的合体程度选择，通常放松量为4~6cm。

三、结构图

1. **男马甲结构图**

男马甲的结构图如图4-3-3所示。

2. **零部件毛样图**

（1）面料零部件毛样图如图4-3-4所示。

（2）袋布毛样图如图4-3-5所示。

四、放缝、排料图

1. **面料放缝、排料图**

面料的放缝、排料图如图4-3-6所示。

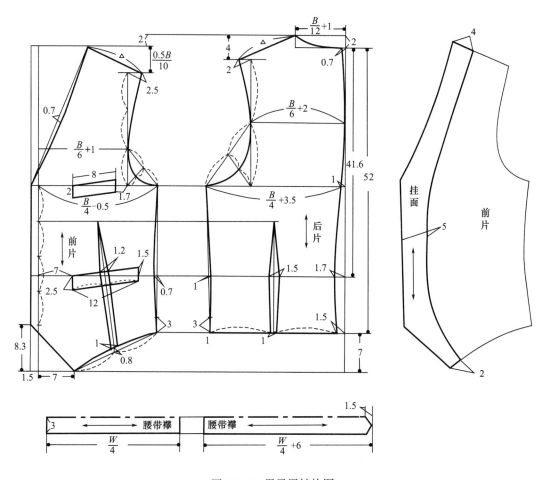

图4-3-3 男马甲结构图

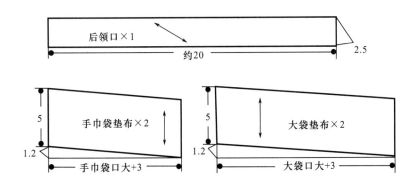

图4-3-4 面料零部件毛样图

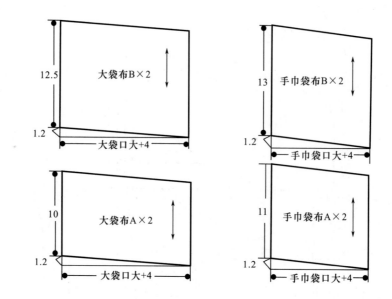

图4-3-5 袋布毛样图

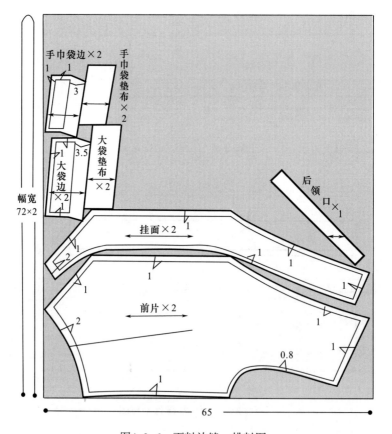

图4-3-6 面料放缝、排料图

2. 里料放缝、排料图

里料的放缝、排料图如图4-3-7所示。

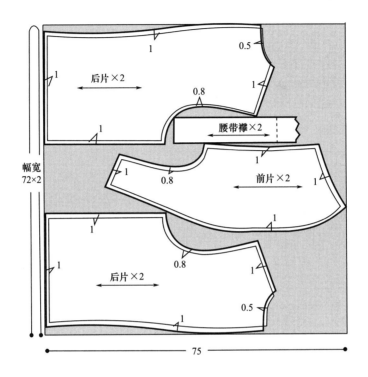

图4-3-7 里料放缝、排料图

五、缝制工艺流程、缝制前准备

1. 缝制工艺流程

烫黏合衬 → 打线丁、收省、烫省、归拔 → 制作挖袋 → 敷牵条、敷挂面、缝制止口 → 缝制里料 → 缝合前袖窿、底边及制作侧衩 → 收后省、缉背缝 → 修剪后片、装后领口 → 缝合后袖窿、底边及制作侧衩 → 缝制腰带襻 → 缝合并翻烫侧缝、肩缝 → 缲里料、锁眼、钉扣、打套结 → 整烫

2. 缝制前准备

（1）在正式缝制前需选用相应的针号和线，调整好针距密度。面料针号：75/11号或90/14号；里料针号：70/10号或75/11号。用线与针距密度：14~15针/3cm，面、底线均用配色涤纶线。

（2）粘衬及修片：

①在前衣片，挂面，大、小袋口处烫黏合衬，用熨斗烫上黏合衬后，再经黏合机黏合定型。黏合衬比裁片要略小0.2cm左右，固定时不能改变面料的经纬向丝缕；注意调到适当的温度、时间、压力，以保证黏合均匀、牢固。

②衣片过黏合机后，需将其摊平冷却后再重新按裁剪样板修剪裁片。

六、具体缝制工艺步骤及要求

1. 打线丁、收省、烫省、归拔

（1）打线丁：打线丁的部位为领口弧线、止口线、底边线、眼位线、袋口线、腰节线、省位线等［图4-3-8（a）］。

（2）收省：先按照省位线丁，沿省中线剪开省缝，剪至距省尖4cm处，再按照省位线丁车省。要求上下层松紧一致，缉线要顺直，省尖留线头打结［图4-3-8（b）］。

（3）烫省、归拔：分烫省缝时，缝份下垫长烫凳，为防止省尖烫倒，可将手缝针插入省尖，把省尖烫正、烫实。前胸丝缕归正，领口处适当归拢。将侧缝向自身一侧放平，肩头拔宽，袖窿处归进，横丝、直丝归正，省缝后侧腰节处适当拔开［图4-3-8（c）］。

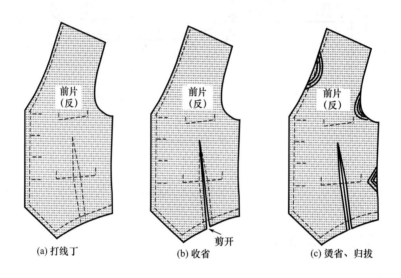

(a) 打线丁 (b) 收省 (c) 烫省、归拔

图4-3-8　打线丁、收省、烫省、归拔

2. 制作挖袋（大袋、手巾袋制作方法相同）

（1）画袋位、扣烫袋边：根据线丁在衣片正面画出袋位，然后将烫好黏合衬的袋边布用袋边净样板扣烫［图4-3-9（a）］。

（2）缝合袋边与袋布：按缝份车缝袋边布与袋布A［图4-3-9（b）］；然后将袋垫布放在袋布B的相应位置上，用坐缉缝的方法车缝固定；再将袋边布与衣片正面相对，按线丁标记的袋位线车缝，将袋边布装上，两端倒回针固定。

（3）装袋布、剪袋口：在距袋口线1.2cm处平行车缝将袋垫布装上，注意两端缝线比袋口线缩进0.2cm，并倒回针固定。然后在两缝线中间剪开，两端剪成Y形，注意不要剪断车缝线［图4-3-9（c）］。

（4）分烫缝份、固定袋布A：分别将袋边缝份、袋垫布缝份分开烫平，然后翻进并摆正袋布A，与袋边布缝份重叠烫平，在原缝线处再车缝一道，将袋布A一起缉住［图

4-3-9（d）〕。

（5）压止口线：在袋垫布缝正面上下分别压0.1cm止口。注意将袋布B一起压住〔图4-3-9（e）〕。

（6）缝合袋布：沿袋布边缘缝份缝合袋布〔图4-3-9（f）〕。

（7）封袋边：在袋边布两侧距边缘0.15cm处车缝固定袋边。注意袋口丝缕顺直、袋角方正，起止点倒回针缝牢〔图4-3-9（g）〕。

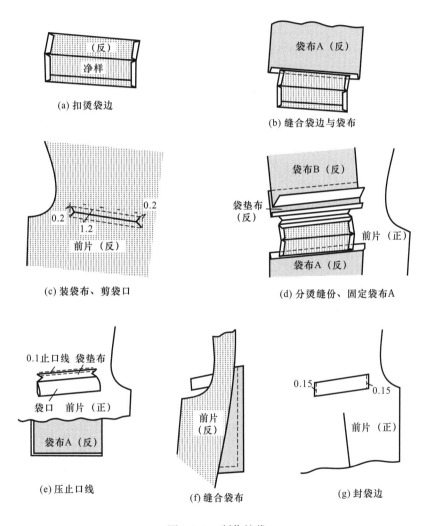

(a) 扣烫袋边

(b) 缝合袋边与袋布

(c) 装袋布、剪袋口

(d) 分烫缝份、固定袋布A

(e) 压止口线

(f) 缝合袋布

(g) 封袋边

图4-3-9　制作挖袋

3. 敷牵条、敷挂面、缝制止口

（1）敷牵条：从领口下2cm处开始，经门襟止口、底边，一直到侧衩口上3cm处止敷牵条。可采用1.2cm宽斜料粘牵条，沿净缝线内侧0.1cm粘烫。注意领口处、门襟下角处稍紧，门、里襟止口和底边平敷。敷袖窿牵条时，可在牵条内侧打上几个剪口，并略微拉紧（图4-3-10）。

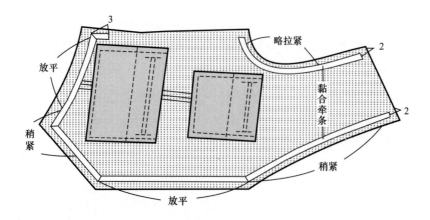

图4-3-10 敷牵条

（2）敷挂面：衣身在上，挂面在下，正面相对，用手针绷缝，从领口处起针，上段平敷，中段略松，转弯到下口挂面稍紧。

（3）缝合止口：将敷好的挂面吃势定位，沿牵条外侧0.1cm即净线车缝止口。缝线要顺直，吃势不能移动。

（4）翻烫止口：衣身留缝份0.8cm，挂面留缝份0.4cm，并将缝份向衣身一侧扣转平服；然后将止口翻出，按里外匀将止口烫平、烫实，同时将底边按线丁标记位置扣烫好。

4. 缝制里料

（1）车缝省道：前片里料按规格收省，要求上、下层松紧一致，缉线要顺直，省缝向前中烫倒［图4-3-11（a）］。

（2）缝合里料与挂面并修片：前片里料与挂面缝合，缝份朝侧缝烫倒；前片面料在上，里料放平，修前片里料。里料肩宽至后袖窿处比面料修窄0.3cm。侧缝处按前片面料放出0.3cm，底边处比面料放长1cm（因面料底边已扣烫好）［图4-3-11（b）］。

5. 缝合前袖窿、底边及制作侧权

（1）缝合前袖窿、底边：将前片面料、里料正面相对，按0.7cm缝份缝合袖窿，1cm缝份缝合底边；然后在袖窿凹势处打几个剪口眼，将缝份向衣身一侧扣倒，翻出止口，让袖窿里料缩进0.2cm，底边里料缩进0.5cm烫好（图4-3-12）。

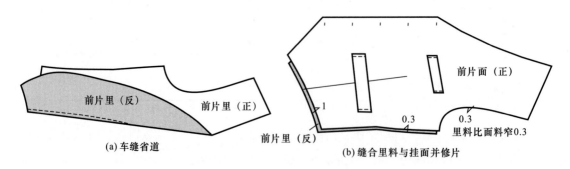

(a) 车缝省道　　　　　　　　　　　(b) 缝合里料与挂面并修片

图4-3-11 缝制里料

（2）制作侧衩：将前片面料、里料正面相对，在侧缝下端净缝向上3cm线丁标记处打刀口，刀口深0.8cm，并将开衩缝合翻转烫平，左、右两个侧衩长短应一致。

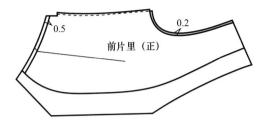

图4-3-12 缝合前袖窿、底边及制作侧衩

6. 收后省、缉背缝

（1）收后省：按线丁标记收省，省尖要缉尖。后片面料省缝向两侧烫倒，里料省缝向后中烫倒。

（2）缉背缝：背缝由上向下车缝，上、下层松紧一致，面料缝份为1cm，里料缝份为0.8cm，面、里料背缝交错坐倒，以便不使内外缝份重叠而产生厚感（图4-3-13）。

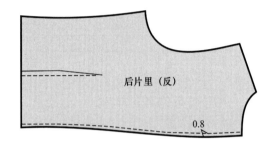

图4-3-13 收后省、缉背缝

7. 修剪后片、装后领口

（1）修剪后片：将后片面料、里料正面相对，肩缝、领口对齐，修剪后片。后片里料长度比后片面料短0.6cm，后片里料肩宽和后袖窿比面料窄0.3cm（图4-3-14）。

（2）装后领口：在后领口反面烫上无纺黏合衬，按后领口弧长两端各放出0.8cm缝份，对折并归拔烫弯，再分别与衣片后领口面、里拼接，缝份向衣片方向烫倒。

8. 缝合后袖窿、底边及制作侧衩

（1）缝合后袖窿、底边：将后片面、里正面相对，以0.7cm缝份将后片面、里的袖窿、底边（中间留10cm左右开口）缝合。然后在袖窿凹势处打几个剪口，将缝份向后背里扣烫，翻出止口，让袖窿里料坐进0.2cm、底边里料坐进0.5cm，将止口烫好（图4-3-15）。

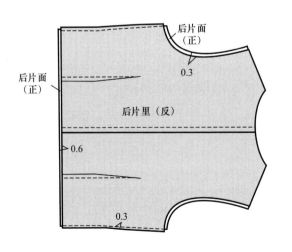

图4-3-14 修剪后片

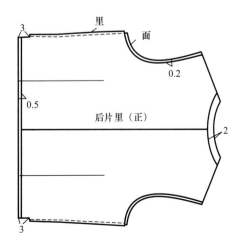

图4-3-15 缝合后袖窿、底边及制作侧衩

（2）制作侧衩：将后片面、里正面相对，在侧缝下端净缝向上3cm线丁标记处打刀口，刀口深0.8cm，并将开衩缝合翻转烫平，左、右两个侧衩长短应一致。

9. 缝制腰带襻

（1）制作腰带襻：腰带襻有长短2根。按净样画准腰带襻宽度和长度，车缝后，分缝翻出烫平。长腰带襻一端做成宝剑头状，短腰带襻一端装上腰带扣［图4-3-16（a）］。

（2）装腰带襻：将长腰带襻装在右后片正面腰节侧缝线处，短腰带襻装在左后片正面腰节侧缝线处，缝份均为0.8cm［图4-3-16（b）］。最后将后背腰带襻放平，画准腰节线位置，用0.2cm明线缉腰带襻两侧，直至后省位止。

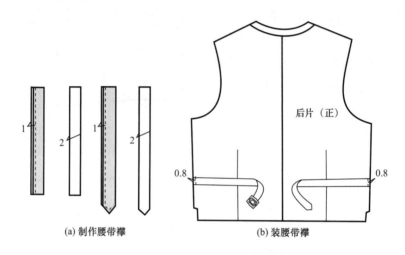

（a）制作腰带襻　　　　　　　（b）装腰带襻

图4-3-16　缝制腰带襻

10. 缝合并翻烫侧缝、肩缝

（1）缝合侧缝：将前衣片夹入后衣片面、里中间，前、后衣片四层侧缝对齐，从侧衩上口起针缝合，直至侧缝上部袖窿底止（图4-3-17）。

（2）缝合肩缝：将前衣片夹入后衣片面、里中间，前、后衣片四层肩缝对齐，以0.8cm缝份缝合，将衣片从后衣片底边翻出并熨烫（图4-3-17）。

11. 缲里料、锁眼、钉扣、打套结

（1）缲里料：将后衣片底边中间留的开口用手针暗缲牢固定。

（2）锁眼、钉扣：门襟锁圆头眼5个，以线丁标记为准将眼位画好，注意横扣眼尾部向上稍翘一点，眼位距止口1.2cm，扣眼大1.7cm。在里襟正面相应位置钉纽扣5粒，视止口厚度绕线脚，纽扣直径为1.5cm（图4-3-18）。

（3）打套结：在侧衩衩口处打套结。

12. 整烫

（1）烫里料：整烫前，先将线丁、线头清除干净。然后将前片反面平放在烫台上，沿止口、底边及挂面内侧烫平。

（2）烫前衣身：将马甲正面向上，胸部下垫布馒头，用蒸汽熨斗熨烫。将丝缕归

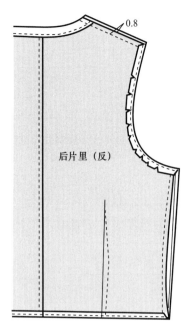

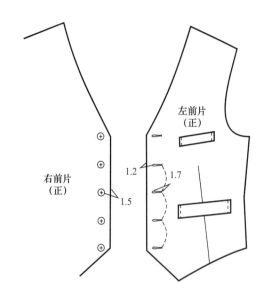

图4-3-17　缝合并翻烫侧缝、肩缝

图4-3-18　锁眼、钉扣

正，把水迹烫干。

（3）烫袖窿：袖窿下垫布馒头，将袖窿侧缝烫挺。

（4）烫后衣身：在后衣身下垫铁凳，将肩缝烫顺、烫挺，再把后衣身烫平。

七、缝制工艺质量要求及评分参考标准（总分100分）

（1）规格尺寸符合标准与要求（10分）。

（2）领口圆顺、平服，不豁、不抽紧（15分）。

（3）左、右袋口角度准确、平服，高低一致（10分）。

（4）胸省顺直，左右对称，高低一致（10分）。

（5）袖窿平服，不豁、不紧抽，左、右袖窿基本一致（15分）。

（6）两肩平服，小肩长度基本一致（10分）。

（7）后背平服，背缝顺直，侧衩高低一致（10分）。

（8）锁眼位置与纽扣一致，钉扣绕线脚符合要求（10分）。

（9）成衣整洁，各部位整烫平服，无水迹、烫黄、烫焦、极光等现象（10分）。

作业布置

按照具体的款式，选购合适的面辅料，在教师的指导下，按缝制质量要求完成西装或马甲的缝制。

大衣制作工艺

课程名称：大衣制作工艺

课程内容：女大衣制作工艺

男大衣制作工艺

上课时数：64 课时

教学目的：使学生理论联系实际，帮助其提高动手实践能力，验证样板与工艺之间的配伍关系，为服装专业相关课程的学习提供帮助。

教学方法：结合视频，采用理论教学与实际操作演示相结合的教学方法。要求学生有足够的课外时间进行操作训练，建议课内外课时比例达到 1∶1 以上。

教学要求：使学生了解男女大衣的面辅料选购要点，掌握各款式样板放缝要点、排料方法、缝制工艺流程及具体的缝制方法与技巧、熨烫方法、缝制工艺质量要求等内容，并能做到触类旁通。

第五章　大衣制作工艺

第一节　女大衣制作工艺

一、概述

1. 款式分析

该款女大衣为连帽式，三开身结构，两片合体袖，整体造型略微合体，风格休闲而活泼，较适合年轻女性穿着。衣身为暗门襟设计，并有三副牛角扣装饰；前、后肩设有风挡，前衣身设有斜插袋，袖口有装饰襻。款式如图5-1-1所示。

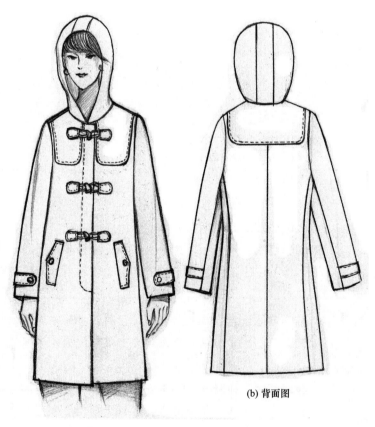

(a) 着装图

(b) 背面图

图5-1-1　连帽女大衣款式图

2．面、里料选择

（1）面料：大衣呢、麦尔登、学生呢等均可选用。

（2）里料：涤丝纺、尼丝纺、人丝软缎、美丽绸等均可选用。

3．面、辅料参考用量

（1）面料：幅宽144cm，用量约200cm。用料估算公式为衣长+袖长+70cm左右。

（2）里料：幅宽144cm，用量约150cm。用料估算公式为衣长+袖长+10cm左右。

（3）辅料：薄型针织黏合衬约150cm，牛角扣3副，暗门襟扣4粒，袖口、袋位扣共4粒。

二、制图参考规格（不含缩率）

单位：cm

号/型	前衣长	肩宽（S）	胸围（B）（放松量为14cm）	袖长	袖口围	袖襻（长/宽）	暗门襟宽
155/76A		36	76+14=90		28	14/3.5	
155/80A	75.5	37	80+14=94	57.5	28.5	14.5/3.5	4
155/84A		38	84+14=98		29	15/3.5	
160/80A		37	80+14=94		28.5	14.5/3.5	
160/84A	78	38	84+14=98	59	29	15/3.5	4
160/88A		39	88+14=102		29.5	15.5/3.5	
165/80A		37	80+14=94		28.5	14.5/3.5	
165/84A	80.5	38	84+14=98	60.5	29	15/3.5	4
165/88A		39	88+14=102		29.5	15.5/3.5	

三、结构图

1．衣身和连帽结构图（图5–1–2）

2．袖子结构图（图5–1–3）

3．袋布、扣位图（图5–1–4）

四、放缝、排料图

1．面料放缝图（图5–1–5）

2．里料放缝图（图5–1–6）

3．面料排料图（图5–1–7）

4．里料排料图（图5–1–8）

5．黏合衬部位图（图5–1–9）

6．黏合衬排料图（图5–1–10）

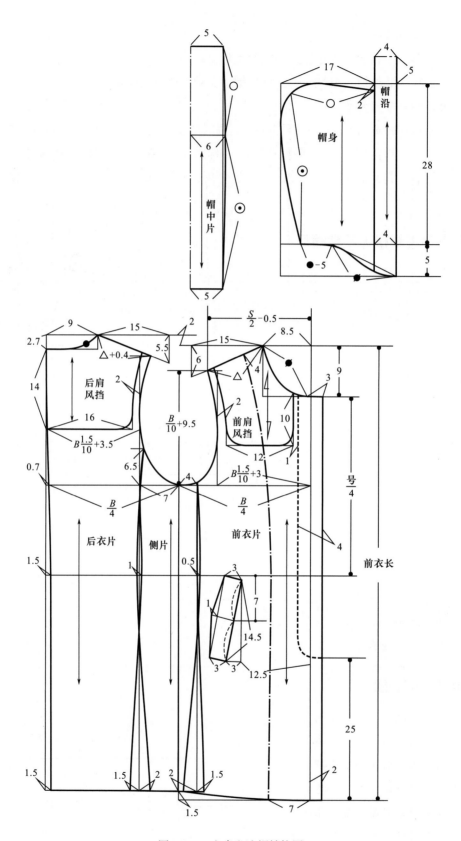

图5-1-2 衣身和连帽结构图

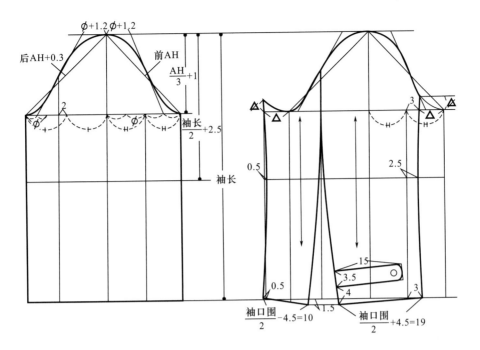

图5-1-3 袖子结构图

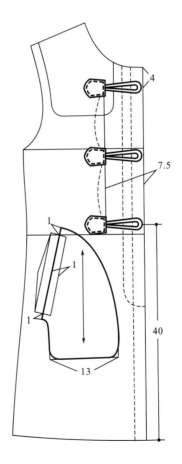

图5-1-4 袋布、扣位图

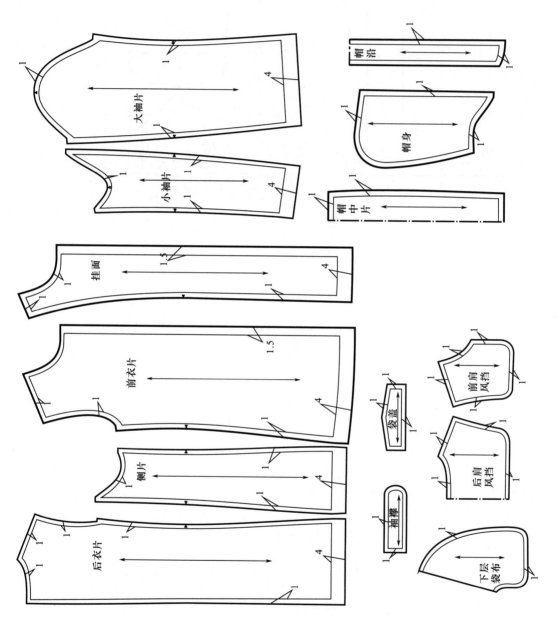

大袖片

小袖片

帽沿

帽身

帽中片

挂面

前衣片

侧片

后衣片

袋盖

袖襻

前肩风挡

后肩风挡

下层袋布

图5-1-5 面料放缝图

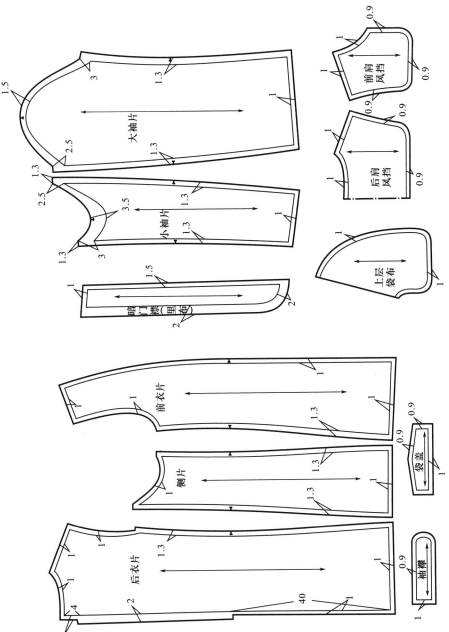

图5-1-6 里料放缝图

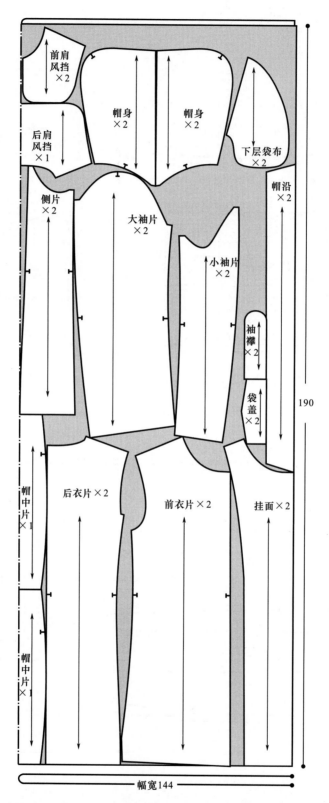

注：需烫黏合衬的裁片，在裁剪时需在四周多放些余量，以防裁片在黏合过程中产生热缩

图5-1-7 面料排料图

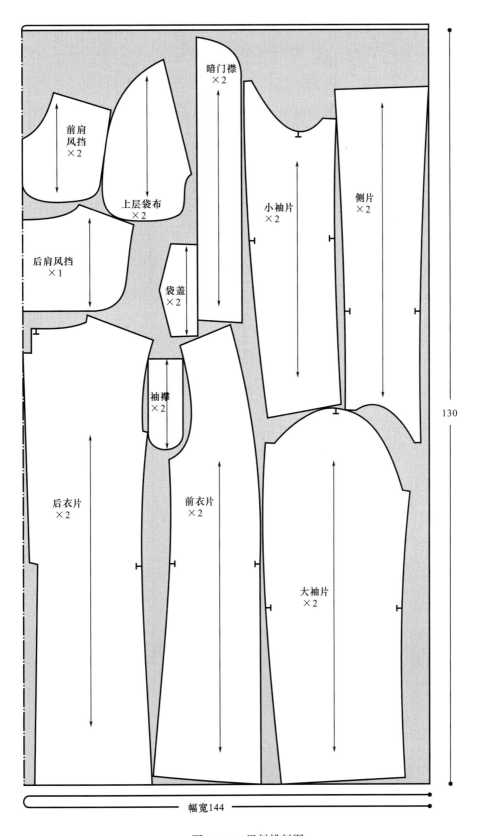

图5-1-8　里料排料图

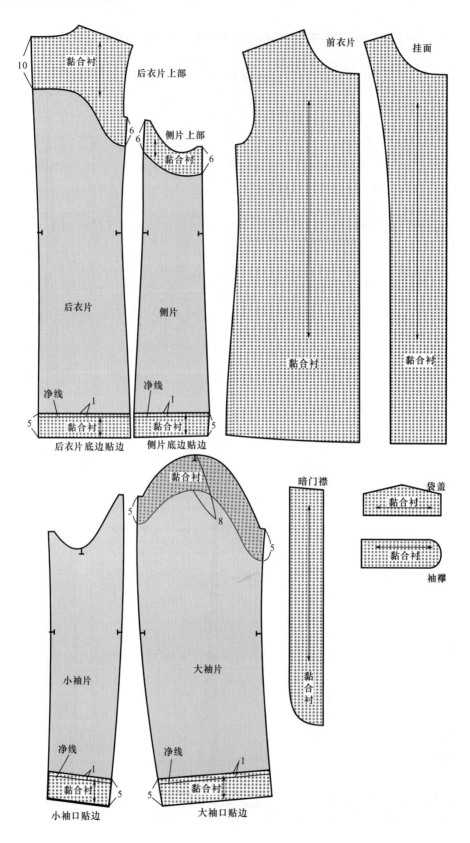

图5-1-9　黏合衬部位图

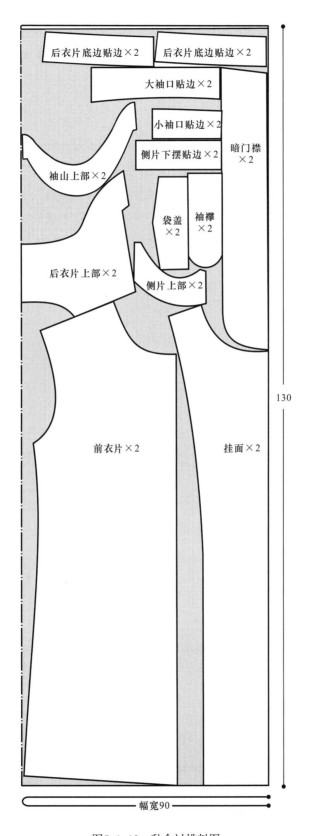

图5-1-10 黏合衬排料图

对于需通过黏合机进行黏合的裁片，在排料时应放出裁片的余量，画样时在裁片的四周放出1cm左右的预缩量，再按画样线进行裁剪。

五、缝制工艺流程、缝制前准备

1. 缝制工艺流程

烫前衣片袖窿牵条→缝制袋盖→缝制斜插袋→缝合后衣片中缝→缝合固定前、后肩风挡→缝制右前衣片暗门襟→缝制右挂面暗门襟→缝制右前衣片止口→缝制左前衣片止口→缝合侧片面料→缝合衣片面料的肩缝→缝合里料后中缝和侧缝→缝合里料侧片与里料前片→缝合里料前、后肩线→缝合帽子→绱帽子→车缝固定右衣片暗门襟→缝制袖襻和面袖→缩缝袖山吃势→绱面料袖子、检查绱袖后外形→缝制袖里料、绱袖里料→缝合并固定袖口面、里→缝合底边→车缝固定牛角扣、钉缝里襟扣和袖襻扣→整烫

2. 缝制前准备

（1）粘衬及修片：

①粘衬部位（图5-1-9）：前衣片、挂面、暗门襟（里布）、后衣片上部、侧片上部、后衣片底边贴边、侧片底边贴边、袋盖、袖襻、大袖口贴边、小袖口贴边。

②固定黏合衬：先将衣片与黏合衬用熨斗固定。注意黏合衬要比裁片略小0.2cm左右，固定时不能改变布料的经纬向丝缕。

③黏合机黏合：在裁片进行黏合之前，需对所黏合的面料进行小面积测试，以获取该面料黏合时的温度、压力与时间。衣片过黏合机后，需将其摊平冷却后再重新按裁剪样板修剪裁片。

（2）在正式缝制前需选用相应的针号和线，调整好针距密度。针号：面料90/14号，里料75/11号。针距密度：14～15针/3cm，面、底线均用配色涤纶线。

六、具体缝制工艺步骤及要求

1. 烫前衣片袖窿牵条

在前衣片的袖窿处，烫上黏合牵条（图5-1-11）。

2. 缝制袋盖

（1）缝合袋盖：在袋盖里布上画出净线，将袋盖面、里料正面相对，对齐上口后按净线缝合，要求两袋角面布略松、里布略紧［图5-1-12（a）］。

（2）扣烫缝份：修剪缝份留0.3cm，剪去两袋角，并在袋盖中间尖角处打剪口，然后扣烫缝份［图5-1-12（b）］。

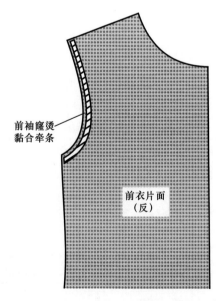

前袖窿烫黏合牵条

前衣片面（反）

图5-1-11　烫前衣片袖窿牵条

（3）翻烫袋盖、缉明线：注意尖角处要翻到位，止口烫出里外匀；然后在袋盖的外沿车0.6cm装饰明线。此时袋盖左、右侧暂时不缉线［图5-1-12（c）］。

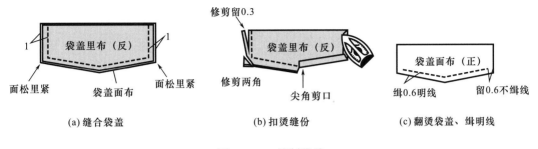

|（a）缝合袋盖|（b）扣烫缝份|（c）翻烫袋盖、缉明线|

图5-1-12　缝制袋盖

3. 缝制斜插袋

（1）画袋位：在前衣片正面画出袋位，将袋盖放在袋位上，袋盖口的净线与袋位对齐［图5-1-13（a）］。

（2）车缝上层袋布（里料）：将上层袋布（里料）的直边净线与袋盖口的净线对齐，并距上口2cm，按袋位线车缝固定［图5-1-13（b）］。

（3）车缝下层袋布（面料）：将下层袋布（面料）的直边与上层袋布的直边车缝线对齐，在距直边1cm处与衣片缝合，上、下各距袋位0.8cm不缝合［图5-1-13（c）］。

（4）袋位剪口：将上层袋布、下层袋布的缝份分开后，在衣片的袋位上，于两条缝合线的中间剪口［图5-1-13（d）］。

（5）翻出上层袋布（里料）：将上层袋布（里料）从剪口处翻到衣片的反面，在袋布上、下的缝合止点处打剪口，再车缝固定缝份［图5-1-13（e）］。

（6）翻出下层袋布（面料）、固定袋盖：将下层袋布（面料）也从剪口处翻到衣片的反面，在衣片的正面将袋盖放平整后，车缝明线0.6cm固定袋盖的上、下两端，要求将衣片下的袋布一起缝住［图5-1-13（f）］。

（7）缝合上层袋布（里料）和下层袋布（面料）：将两片袋布放平整后，沿边车缝1cm的缝份。注意在袋角处要车缝一条宽约1.5cm的牵条（也可用里料直丝裁剪），其作用是与门襟止口一起缝住，以固定袋布［图5-1-13（g）］。

4. 缝合后衣片中缝

（1）烫黏合牵条：在距后衣片领口和袖窿边缘0.5cm处烫黏合牵条［图5-1-14（a）］。

（2）缝合后中缝：将后衣片正面相对，对齐后中缝车缝1cm，然后分缝烫平［图5-1-14（b）］。

5. 缝合固定前、后肩风挡

（1）前肩风挡的缝制：将风挡的面料与里料正面相对，四周对齐，除肩部与领口外缝合其余三边，然后修剪缝份留0.5cm。将其翻到正面，烫出里外匀［图5-1-15（a）］。

（2）后肩风挡的缝制：方法同前肩［图5-1-15（b）］。

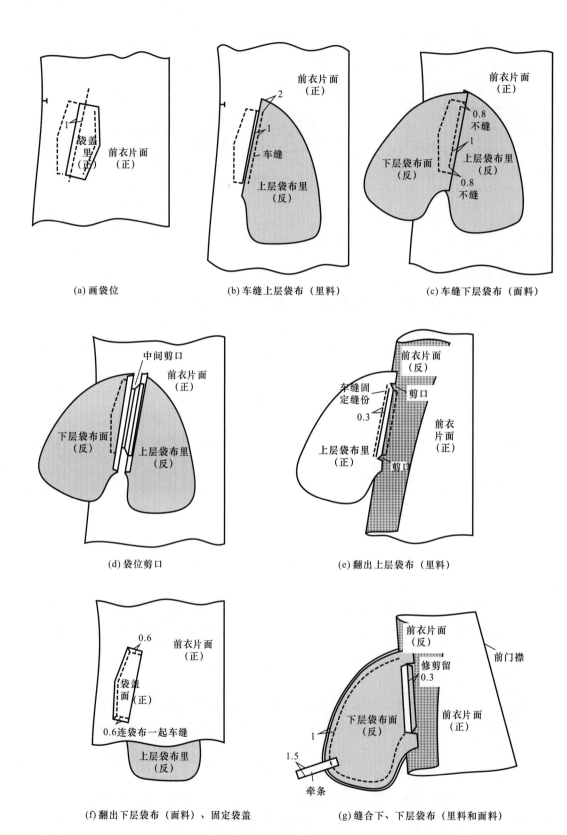

(a) 画袋位

(b) 车缝上层袋布（里料）

(c) 车缝下层袋布（面料）

(d) 袋位剪口

(e) 翻出上层袋布（里料）

(f) 翻出下层袋布（面料）、固定袋盖

(g) 缝合下、下层袋布（里料和面料）

图5-1-13　缝制斜插袋

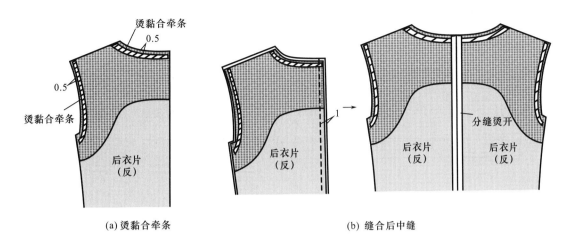

(a) 烫黏合牵条

(b) 缝合后中缝

图5-1-14 缝合后衣片中缝

（3）分别车缝固定前、后肩风挡于衣片上：分别将前、后肩风挡放在前、后衣片的对应位置上，车缝0.6cm的明线固定前、后肩风挡，要求肩颈点、领口、肩线对齐［图5-1-15（c）］。

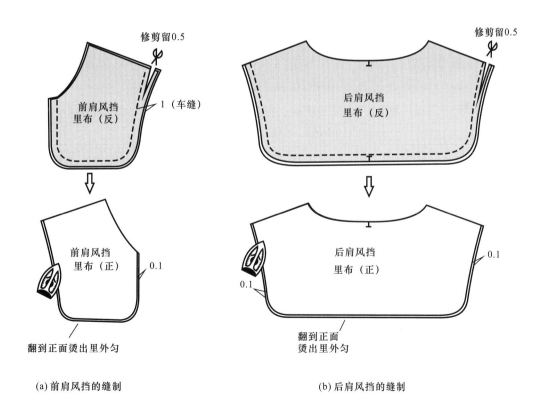

(a) 前肩风挡的缝制

(b) 后肩风挡的缝制

图5-1-15

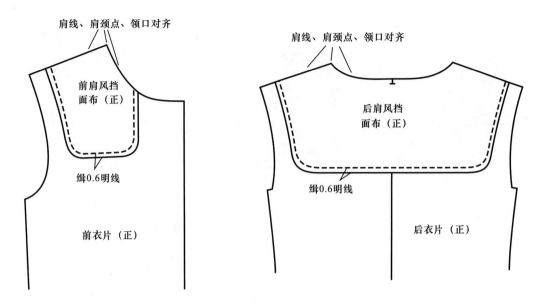

(c)分别车缝固定前、后肩风挡于衣片上

图5-1-15 缝合固定前、后肩风挡

6. 缝制右前衣片暗门襟

（1）确定暗门襟位置：将右前衣片与右挂面的门襟对齐，上口留2.2cm，确定暗门襟的位置，下口暗门襟止点按样板确定［图5-1-16（a）］。

（2）车缝暗门襟：将右前衣片与暗门襟正面相对，按门襟开口位置车缝，缝份1cm。然后在暗门襟止点处打剪口［图5-1-16（b）］。

（3）扣烫暗门襟：将暗门襟翻到正面，把右前衣片门襟止口的净线退进0.4cm（留下0.1cm作为面料的厚度），扣烫出里外匀［图5-1-16（c）］。

（4）手针假缝固定暗门襟：在右前衣片的正面，距止口净线4.5cm处画一条直线，用手针假缝固定暗门襟［图5-1-16（d）］。

7. 缝制右挂面暗门襟

（1）暗门襟与右挂面缝合：将右挂面与暗门襟正面相对进行缝合，上、下缝合止点同右前衣片；然后在上、下缝合止点打剪口［图5-1-17（a）］。

（2）扣烫暗门襟、锁扣眼：将暗门襟翻到正面，把右挂面门襟止口的净线退进0.4cm（留下0.1cm作为面料的厚度），扣烫出里外匀。再在右挂面的正面，沿止口净线4.5cm画一条直线，用手针假缝固定暗门襟。最后按门襟上的扣位用圆头锁眼机锁扣眼［图5-1-17（b）］。

8. 缝制右前衣片止口

（1）缝合右前衣片与挂面：先将右前衣片里料与右挂面正面相对，从肩部缝合至距挂面底边4cm处（右前衣片底边与挂面底边相差3cm），然后将缝份向里料一侧烫倒［图

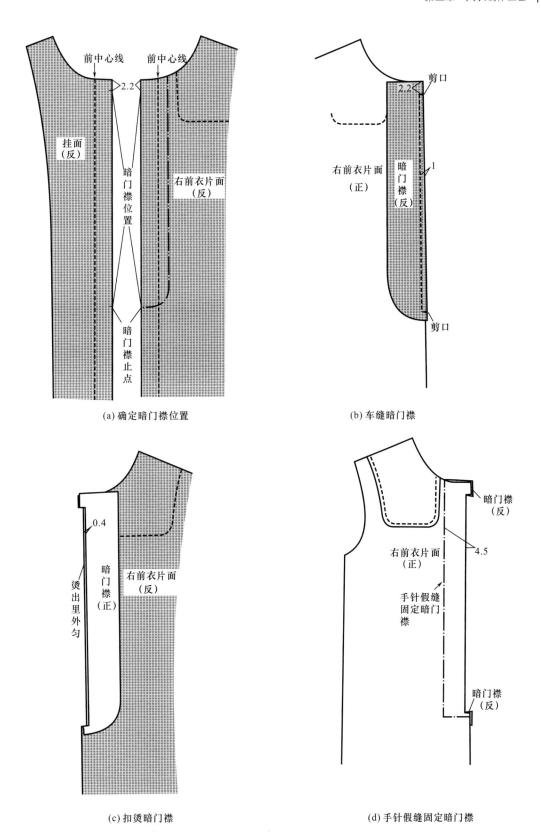

图5-1-16 缝制右前衣片暗门襟

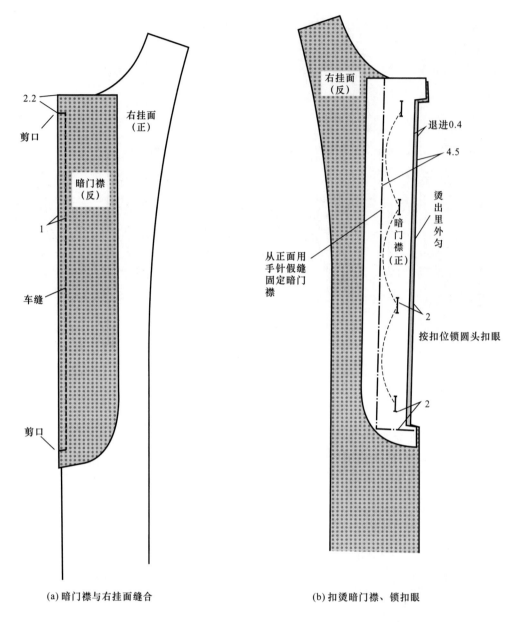

(a) 暗门襟与右挂面缝合　　(b) 扣烫暗门襟、锁扣眼

图5-1-17　缝制右挂面暗门襟

5-1-18（a）〕。

　　（2）缝合右前衣片门襟上、下止口：将右前衣片面与右挂面正面相对，对齐上、下止口。上部从绱领处净线起针，缝合3cm到门襟净线转弯继续缝合至暗门襟上口为止，缝份为1.5cm；再从暗门襟下口起针以1.5cm的缝份缝合至挂面和衣片的底边处，再转弯按4cm的缝份缝合至挂面与衣片的拼接处，要求袋布加一条1cm宽的牵条与门襟止口一道缝住，用以固定袋布。然后将门襟上端和下端的方角修剪掉，再剪去挂面底边的余量（与衣片里料底边平齐）。最后修剪衣身门襟的缝份留0.6cm，在绱领点打剪口〔图5-1-18（b）〕。

（3）扣烫右前衣片门襟上、下止口和底边：将衣片翻到正面，整理上、下角部，然后将门襟止口的缝份在挂面处以0.1cm车缝固定（此缝线只能在挂面处看到，衣片正面看不到）。最后用熨斗烫出领嘴的方角和衣片底边处的方角，同时将衣片底边扣折4cm烫平［图5-1-18（c）］。

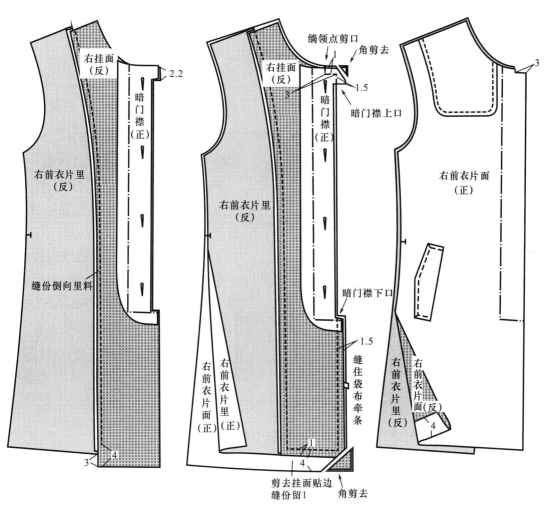

（a）缝合右前衣片与挂面　　　（b）缝合右前衣片门襟上、下止口　　（c）扣烫右前衣片门襟上、下止口和底边

图5-1-18　缝制右前衣片止口

9. 缝制左前衣片止口

（1）缝合左前衣片与挂面：先将左前衣片的里料与左挂面正面相对，从肩部缝合至距挂面底边4cm处（左前衣片底边与挂面底边相差3cm），然后将缝份向里料一侧烫倒［图5-1-19（a）］。

（2）缝合左前衣片门襟止口：将左前衣片面料与左挂面正面相对，领口、门襟处放平齐后，从绱领处净线起针缝合3cm到门襟净线转弯继续缝合至挂面底边，缝份为1.4cm；

再转弯按4cm的缝份缝合至挂面与衣片里料的拼接处，要求袋布加一条1cm宽的牵条与门襟止口一道缝住，用以固定袋布。然后将门襟上、下端的方角修剪掉，再剪去挂面底边的余量（与衣片里料底边平齐）。最后修剪前衣片门襟的缝份留0.6cm，在绱领点打剪口［图5-1-19（b）］。

（3）扣烫左前衣片门襟止口和底边：将衣片翻到正面，整理上、下角部，然后将门襟止口的缝份在挂面处以0.1cm车缝固定（此缝线只能在挂面处看到，衣片正面看不到）。最后用熨斗烫出领嘴的方角和衣片底边处的方角，同时将前衣片面料底边扣折4cm烫平［图5-1-19（c）］。

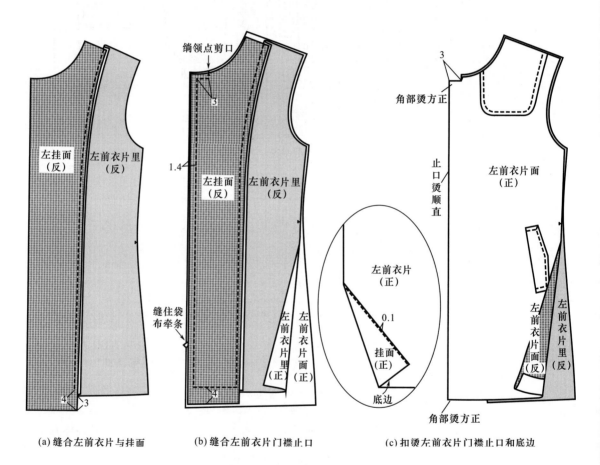

(a) 缝合左前衣片与排面　　　(b) 缝合左前衣片门襟止口　　　(c) 扣烫左前衣片门襟止口和底边

图5-1-19　缝制左前衣片止口

10. 缝合侧片面料

（1）缝合侧片：将侧片面料分别与前、后衣片面料缝合，缝份为1cm，然后分缝烫平。

（2）修剪和扣烫：将底边处贴边的缝份修剪留0.3～0.4cm，然后将底边贴边扣折4cm烫平（图5-1-20）。

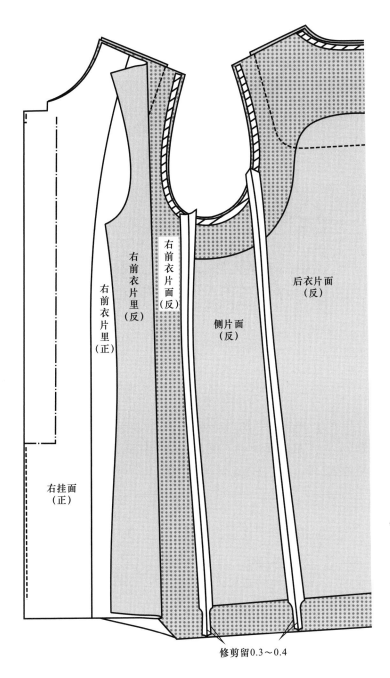

修剪留0.3～0.4

图5-1-20 缝合侧片面料

11. 缝合衣片面料的肩缝

　　将前、后衣片面料的肩缝对齐，以1cm的缝份车缝，要求后肩缝中部缩缝0.3～0.4cm，然后分缝烫平（图5-1-21）。

12. 缝合里料后中缝和侧缝

　　（1）缝合后中缝和侧缝：先将后衣片里料左、右片正面相对，沿后中缝按1cm缝份

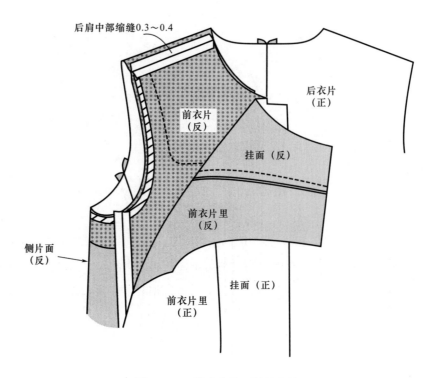

图5-1-21　缝合衣片面料的肩缝

缝合；再将侧片与后衣片缝合，缝份为1.3cm（图5-1-22）。

（2）熨烫缝份：后中缝缝份倒向右侧，按净线扣烫，正面的中上部有1cm的坐缝；侧缝的缝份向后片烫倒1.3cm，正面有0.3cm的坐缝。

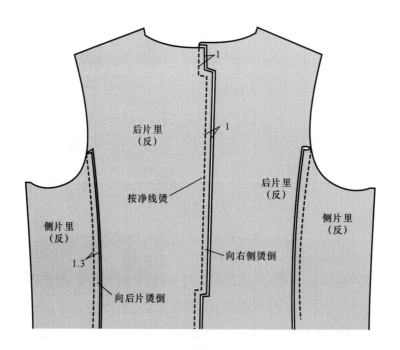

图5-1-22　缝合里料后中缝和侧缝

13．缝合里料侧片与里料前片

将里料侧片与里料前片正面相对，沿侧缝线车缝1cm，然后将缝份向前衣片烫倒1.3cm，正面有0.3cm的坐缝。

14．缝合里料前、后肩线

对齐衣片里料的前、后肩线，车缝1cm，要求后衣片肩线中部缩缝0.3cm左右，然后将肩缝向后片烫倒。

15．缝合帽子

（1）拼合帽身与帽中片：将帽身与帽中片正面相对，对齐剪口后车缝，缝份为1cm，然后在帽顶的圆弧处打剪口，将缝份分开烫平［图5-1-23（a）］。

（2）帽沿与帽身和帽中片拼接：将帽沿与帽身、帽中片缝合，缝份为1cm，然后分开烫平［图5-1-23（b）］。注意由于帽里料与帽面料均为本色布，故缝制方法相同。

（3）缝合帽沿面、里止口：将帽子的面、里正面相对，对齐帽沿，以0.9cm的缝份缝合止口［图5-1-23（c）］。

（4）翻烫帽子、扣烫帽沿止口：将帽沿里料的止口缝份修剪留0.5cm，把帽子翻到正面，烫平帽沿止口［图5-1-23（d）］。然后在帽顶圆弧拼接处，用手针拉线襻固定面、里。

16．绱帽子

（1）缝合衣片与帽子：将衣片翻到反面，在领口处分别与帽子面、里的下口缝合，缝份为1cm。要求从衣片一侧的绱领点起针车缝到另一侧的绱领点为止，帽里下口与衣片

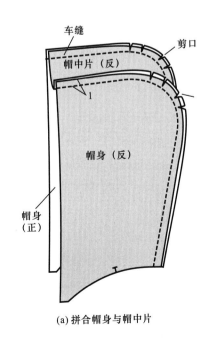

(a) 拼合帽身与帽中片

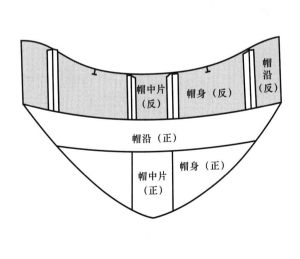

(b) 帽沿与帽身和帽中片拼接

图5-1-23

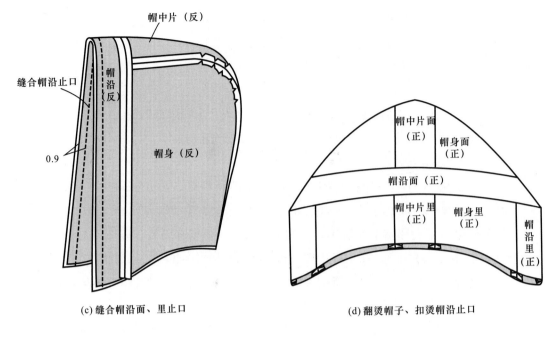

帽中片（反）

缝合帽沿止口

帽沿（反）

0.9

帽身（反）

帽中片面（正）

帽身面（正）

帽沿面（正）

帽中片里（正）

帽身里（正）

帽沿里（正）

(c) 缝合帽沿面、里止口

(d) 翻烫帽子、扣烫帽沿止口

图5-1-23　缝合帽子

里的领口各对位点对准，帽面下口与衣片面的领口各对位点对准。缝合后，在前、后衣片领口的圆弧处打剪口［图5-1-24（a）］。

（2）分烫缝份：将面料领口的缝份烫开；在衣片里领口处的肩缝打剪口，前领口处的缝份分缝烫开，后领口的缝份向后衣片里料处烫倒。最后将面料与里料的领口缝份手缝或车缝固定［图5-1-24（b）］。

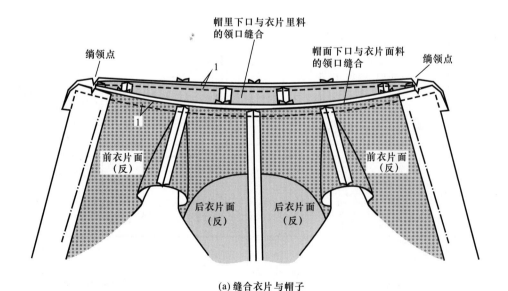

帽里下口与衣片里料的领口缝合

帽面下口与衣片面料的领口缝合

绱领点

绱领点

1

1

前衣片面（反）

前衣片面（反）

后衣片面（反）

后衣片面（反）

(a) 缝合衣片与帽子

图5-1-24

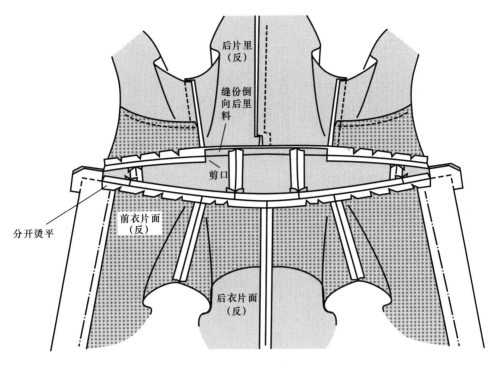

（b）分烫缝份

图5-1-24 绱帽子

17. 车缝固定右衣片暗门襟

在右前衣片上，距止口4cm、底边25cm处车缝固定暗门襟（图5-1-25）。

18. 缝制袖襻和面袖

（1）缝制袖襻：先在袖襻面料的反面烫黏合衬，再将袖襻的面、里料正面相对，按净线车缝。然后修剪缝份留0.5cm，圆弧处应打剪口；再将袖襻翻到正面，熨烫后，正面朝上缉0.6cm的明线。最后在圆头一端锁圆头扣眼［图5-1-26（a）］。

（2）缝合外袖缝：将大、小袖片正面相对，把袖襻夹在外袖缝上，距袖口贴边毛缝8cm，按1cm缝份缝合；在距袖襻夹装处1cm位置，将大袖片缝份打剪口，然后分烫缝份［图5-1-26（b）］。

（3）缝合内袖缝，分烫缝份：将大、小袖片正面相对缝合，把缝份分开烫平，再扣烫袖口贴边4cm［图5-1-26（c）］。

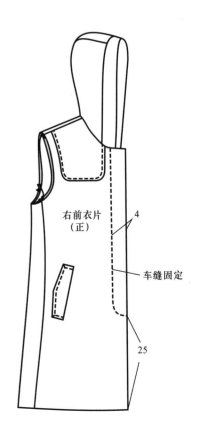

图5-1-25 车缝固定右衣片暗门襟

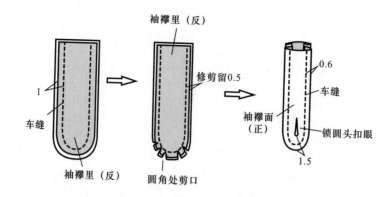

(a) 缝制袖襻

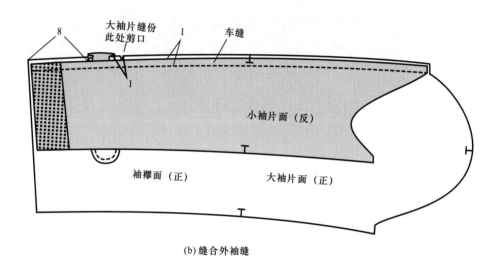

(b) 缝合外袖缝

(c) 缝合内袖缝、分烫缝份

图5-1-26 缝制袖襻和面袖

19. 缩缝袖山吃势

（1）缩缝袖山吃势：

方法一：斜裁两条本料布，长25cm左右，宽3cm，缩缝时距袖山净线0.2cm，调长针距车缝，开始时斜布条放平，然后逐渐拉紧，至袖山顶点处拉力最大，再逐渐减少拉力直至放松平缝［图5-1-27（a）］。此方法适合较熟练的操作者使用。

方法二：用手针在距袖山净线0.2cm外侧缝两道线，然后抽紧缝线并整理袖山的缩缝量［图5-1-27（b）］。此方法适合初学者使用。

（2）熨烫缩缝量：把缩缝好的袖山头放在铁凳上，将缩缝熨烫均匀［图5-1-27（c）］，要求平滑无褶皱，袖山饱满。

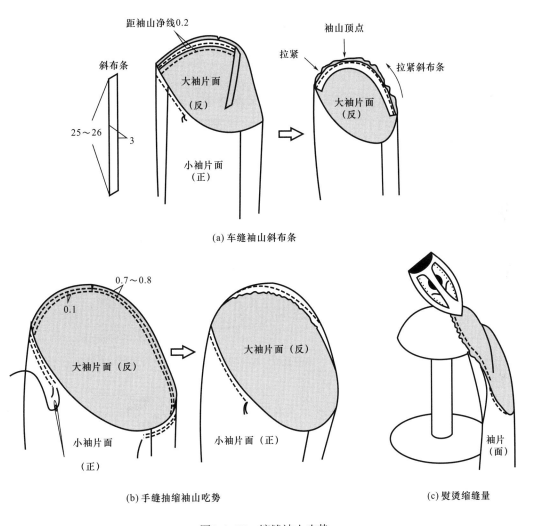

(a) 车缝袖山斜布条

(b) 手缝抽缩袖山吃势　　　　　　　　　(c) 熨烫缩缝量

图5-1-27　缩缝袖山吃势

20. **绱面料袖子、检查绱袖后外形**

（1）手针固定袖子与袖窿：对准袖中点、袖底点或对位记号，假缝袖子与袖窿，缝份0.8~0.9cm，缝迹密度0.3cm/针。

（2）试穿调整：将假缝好的大衣套在人台上试穿，观察袖子的定位与吃势，要求两个袖子的定位左右对称、吃势匀称。然后进行车缝（图5-1-28）。

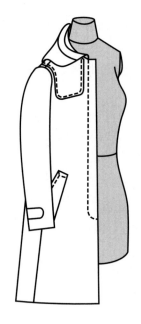

图5-1-28 检查绱袖后外形

（3）车缝绱袖：沿袖窿车缝一周，缝份为1cm，缝份自然倒向袖片。注意，袖山处的绱袖缝份不能烫倒，以保持自然的袖子吃势。

21. **缝制袖里料、绱袖里料**

（1）缝合袖片的内、外袖缝：大、小袖片的内、外袖缝按1cm缝份缝合［见图5-1-29（a）］。

（2）熨烫内、外袖缝：袖缝均向大袖片烫倒，要求烫出坐缝0.3cm［图5-1-29（b）］。

（3）绱袖里料：将袖里料的袖山顶点与衣片的肩缝对齐进行车缝。

22. **缝合并固定袖口面、里**

（1）将袖口面、里料的内、外袖缝对齐，车缝一周。

（2）按面料袖口贴边扣烫的折痕整理袖口，然后在内袖缝和袖衩缝上与袖口缝份车缝几针固定。

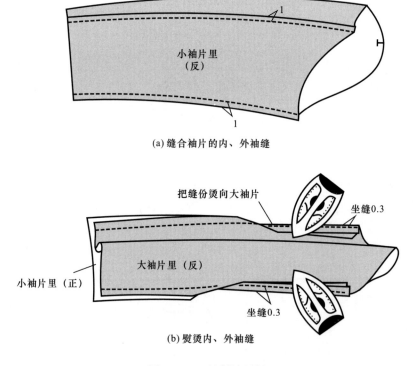

(a) 缝合袖片的内、外袖缝

小袖片里（反）

把缝份烫向大袖片

坐缝0.3

大袖片里（反）

小袖片里（正）

坐缝0.3

(b) 熨烫内、外袖缝

图5-1-29 缝制袖里料

23. **缝合底边**

（1）缝合底边：将衣片面料、里料底边上对应的拼接线对齐后车缝，注意在后中线处留出15cm不缝合，以作为翻膛之用，即从此处将衣片从反面翻到正面［图5-1-30（a）］。

（2）翻衣片、扣烫里料底边：在翻口处将衣片从反面翻到正面，按面料底边贴边扣烫的折痕整理底边，然后将所有拼接线的缝份与底边缝份车缝几针固定。翻口用手针固定［图5-1-30（b）］。

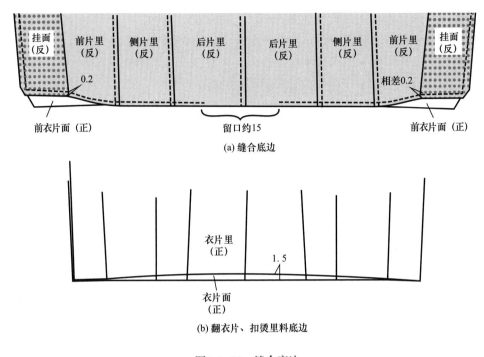

(a) 缝合底边

(b) 翻衣片、扣烫里料底边

图5-1-30　缝合底边

24. **车缝固定牛角扣、钉缝里襟扣和袖襻扣**

（1）固定牛角扣：先在左、右前衣片上画出扣位，再在左前衣片上车缝固定牛角扣，右前衣片上车缝固定牛角扣襻（图5-1-31）。

（2）钉扣：在左前片暗门襟的扣位上，手针钉纽扣（图5-1-31）。

25. **整烫**

整烫的顺序和要点参照"第四章第一节女西装制作工艺"。

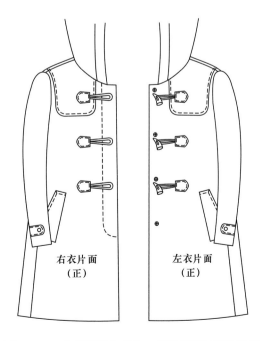

图5-1-31　车缝固定牛角扣、钉缝里襟扣和袖襻扣

七、缝制工艺质量要求及评分参考标准（总分100分）

（1）斜插袋平整，袋盖里外匀，左、右袋对称一致（15分）。

（2）前、后肩风挡与衣片缝合平整，位置准确。（10分）。

（3）暗门襟缝制正确，表面平整（15分）。

（4）门、里襟左右长度一致，平服无牵扯（10分）。

（5）帽子缝制正确，面、里平服，成型后左右对称。（15分）。

（6）装袖圆顺、饱满，袖子前倾合适，左右对称一致（15分）。

（7）各条拼接缝平服，缉线顺直，无跳线、断线现象（10分）。

（8）规格符合尺寸要求，各部位熨烫平整（10分）。

第二节　男大衣制作工艺

一、概述

1. 款式分析

本款大衣为开关领，插肩袖，暗门襟，斜插袋，后中下摆设背衩，袖口装袖襻，领子、袖缝、门襟、背缝等缉明线，是男装中较为经典的款式。款式如图5-2-1所示。

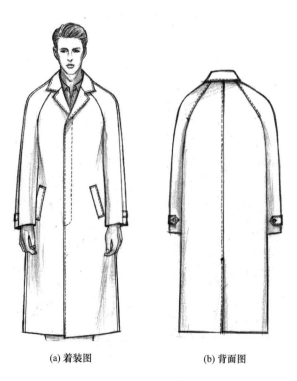

(a) 着装图　　　　　(b) 背面图

图5-2-1　男大衣款式图

2．**面、里料选择**

（1）面料：精纺呢绒、直贡呢、纯毛华达呢、舍味呢、羊绒大衣呢、立绒大衣呢、拷花大衣呢、毛涤花呢等均可选用。

（2）里料：涤丝纺、尼丝纺、人丝软缎、醋酸酯绸等均可选用。

3．**面、辅料参考用量**

（1）面料：幅宽144cm，用量约250cm。用料估算公式为后衣长+2袖长+（10～15）cm。

（2）里料：幅宽144cm，用量约270cm（其中斜丝滚条约需40cm）。用料估算公式为后衣长+2袖长+40cm。

（3）辅料：有纺黏合衬150cm，无纺黏合衬50cm，袋布60cm（或用里布），垫肩1副，大纽扣5粒，小纽扣2粒。

4．**男大衣平面图**（图5-2-2）

男大衣平面图如图5-2-2所示。

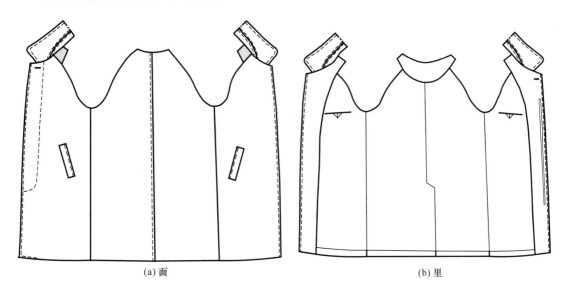

(a) 面　　　　　　　　　　(b) 里

图5-2-2　男大衣平面图

二、制图参考规格（不含缩率）

单位：cm

号/型	后中长	肩宽（S）	胸围（B）（放松量为28cm）	袖长	袖口大	背衩长	袖襻（长/宽）	后领总宽
170/84A		44.6	84+28=112		16			
170/88A	107	45.8	88+28=116	61	16.5	34	9/4.5	9.5
170/92A		47	92+28=120		17			
175/88A		45.8	88+28=116		16.5			
175/92A	110	47	92+28=120	62.5	17	35	9/4.5	9.5
175/96A		48.2	96+28=124		17.5			

号/型	后中长	肩宽（S）	胸围（B） （放松量为28cm）	袖长	袖口大	背衩长	袖襻 （长/宽）	后领总宽
180/88A		45.8	88+28=116		16.5			
180/92A	113	47	92+28=120	64	17	36	9/4.5	9.5
180/96A		48.2	96+28=124		17.5			

三、结构图

男大衣的结构图如图5-2-3所示。

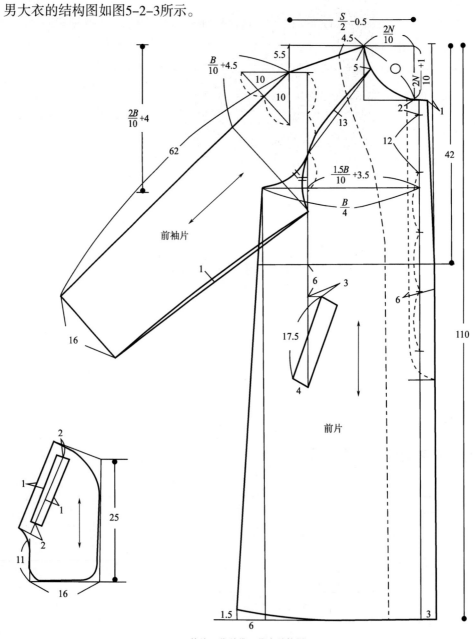

(a) 前片、袋兀袋、袋布结构图

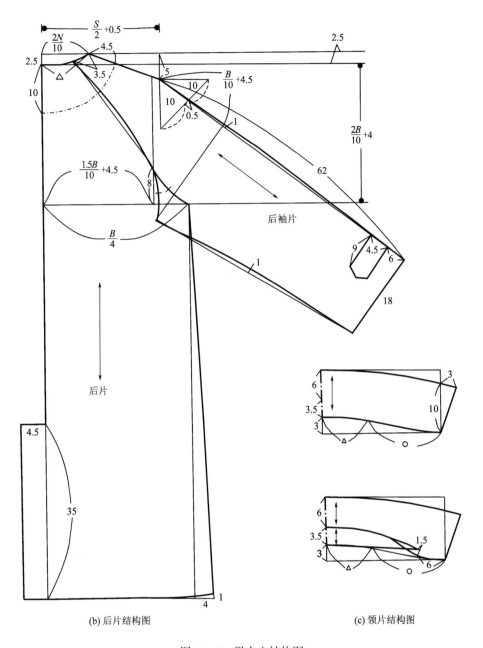

(b) 后片结构图　　　　(c) 领片结构图

图5-2-3　男大衣结构图

四、放缝、排料图

画样裁剪要求：对于需通过黏合机进行黏合的裁片，在排料时应放出裁片的余量，画样时在裁片的四周放出1cm左右的预缩量，再按画样线进行裁剪。

1. **面料放缝、排料图**（图5-2-4）

2. **里料放缝、排料图**（图5-2-5）

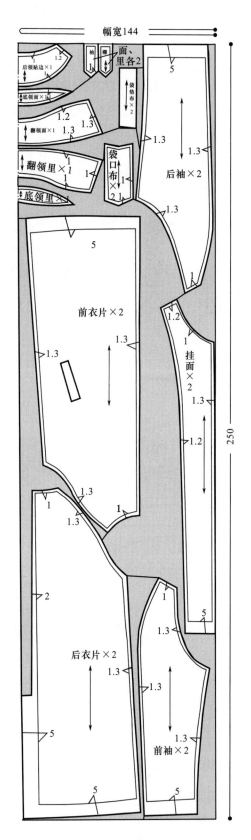

图5-2-4 面料放缝、排料图

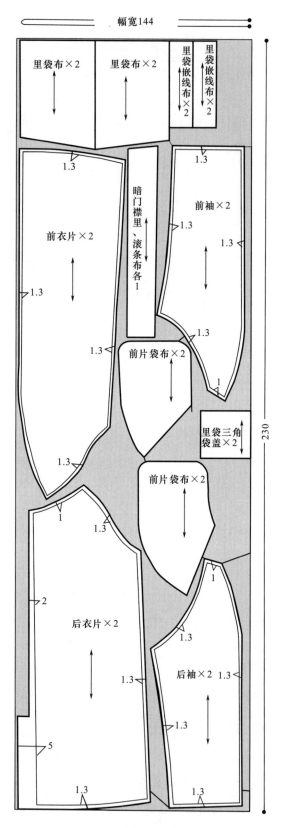

图5-2-5 里料放缝、排料图

五、缝制工艺流程、缝制前准备

1. 缝制工艺流程

打线丁→缝制斜插袋→缝制暗门襟→缝制里袋→缝制门襟止口→缝制后身、背衩→缝合侧缝、烫底边→缝制袖子→绱袖子→缝制领子→绱领子→缉门襟止口→锁眼、钉扣→缉暗门襟止口→整烫

2. 缝制前准备

（1）粘衬及修片：

①粘衬部位：如图5-2-6所示。

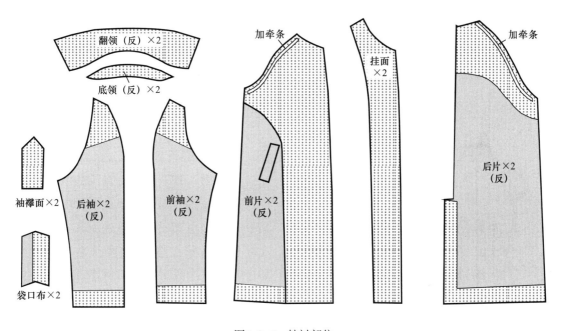

图5-2-6 粘衬部位

②固定黏合衬：使用黏合机压烫裁片前，放正裁片丝缕，先用熨斗粗烫一遍。衬要略松些，自裁片中心向四周熨烫，使其初步固定后再经黏合机压烫定型。这样操作可以避免移动裁片时导致的裁片变形。

③黏合机黏合：在裁片进行黏合之前，需对所黏合的面料进行小面积测试，以获取该面料黏合时的温度、压力和时间。衣片过黏合机后，需将其摊平冷却后重新按裁剪样板修剪。

（2）在正式缝制前需选用相应的针号和线，调整好针距密度。针号：面料90/14号，里料75/11号。针距密度：14～15针/3cm，面、底线均用配色涤纶线。

六、具体缝制工艺步骤及要求

1. 打线丁

（1）前衣片：搭门线、纽位线、袋位线、绱袖对位线、腰节线、底边线（图5-2-7）。

（2）后衣片：背缝线、背衩线、缩袖对位线、腰节线、底边线（图5-2-7）。

（3）袖片：缩袖对位线、袖肘线、贴边线、袖襻线（图5-2-7）。

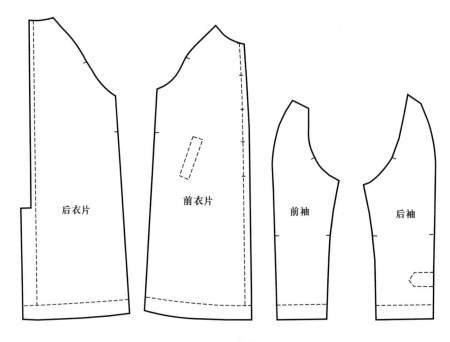

图5-2-7　打线丁

2.　缝制斜插袋

（1）配裁袋口布：如图5-2-8（a）所示。

（2）缉缝袋口布：在袋口布面反面烫上黏合衬，按净线缉缝袋口两端，缉缝时袋口里侧适当拉紧，然后将袋口翻到正面熨烫，并在袋口布连口一侧预缝0.8cm明止口［图5-2-8（b）］。

（3）袋位处缉缝袋布：将袋口布里与上袋布正面相合，以0.8cm缝份预缝一道。再将袋口布面与前衣片正面相合，对齐袋位线，以0.8cm缝份将上层袋布、袋口布与前衣片一并缉住，起止点打回针；然后再将袋垫布一侧三线包缝，袋垫布对齐下层袋布外口并摆正，沿三线包缝线把袋垫布与前衣片一并缉住，袋垫布缉线上端、下端各缩进0.2cm，缉线间距要宽窄一致，两端要打回针［图5-2-8（c）］。

（4）袋位剪口、翻烫并兜缉袋布：在两缉线间居中剪开，两端剪成Y形。先将袋口布缉线缝份向前衣片坐倒烫平，将袋垫布缉线缝份向袋垫布坐倒烫平，在袋垫布上缉0.2cm明止口，然后兜缉袋布［图5-2-8（d）］。

（5）缉缝袋口明线：将袋口布熨烫服帖，两端缉压0.1cm和0.8cm双明线，并沿对角线将袋角缉住［图5-2-8（e）］。

3.　缝制暗门襟（图5-2-9）

（1）裁剪暗门襟开口滚条：滚条为直丝，规格为长60cm、宽13cm，将滚条上口对齐

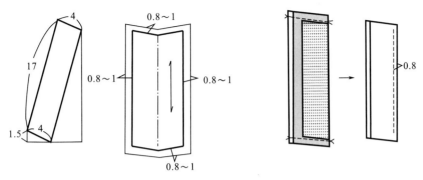

(a) 配裁袋口布

(b) 缉缝袋口布

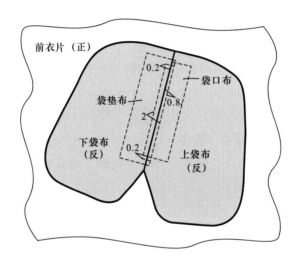

(c) 袋位处缉缝袋布

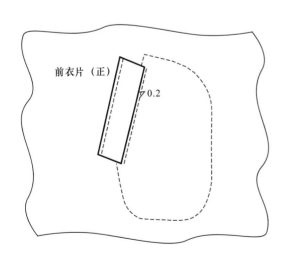

(d) 袋位剪口、翻烫并兜缉袋布

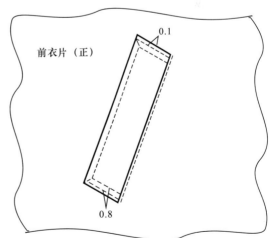

(e) 缉缝袋口明线

图5-2-8 缝制斜插袋

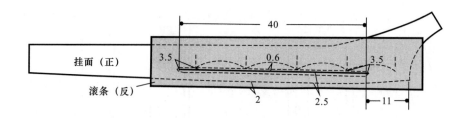

图5-2-9 缝制暗门襟

衣片领口，前止口处偏出挂面边2cm，手针假缝。

（2）烫黏合衬、画开口位：在滚条的暗门襟开口处粘烫长45cm、宽3cm的无纺黏合衬，并在该黏合衬上准确画出暗门襟开口位置（从挂面毛缝向里2.5cm、领口下11cm处，长38~40cm）。

（3）缉缝暗门襟开口：暗门襟开口居中，间距0.6cm画出尖角矩形，以稍密的针距兜缉一周，缉线接头重叠3cm。

（4）暗门襟开口剪开并翻烫滚条：尖角矩形居中剪开，将滚条翻转、包紧后烫平，用漏落缝沿滚条外侧兜缉一周，将滚条缉住。

（5）暗门襟开口上、下端封口：将暗门襟开口烫平，用线绷牢，距尾端1cm来回缉线三道，将开口封牢，封线长1cm。

（6）固定暗门襟里料：将暗门襟里料垫在开口下面，上口对齐衣片领口，前止口对齐挂面边沿，用线固定。

4. 缝制里袋

（1）缝合前衣片里料与挂面：将前衣片里料与挂面正面相对，边沿对齐并对准对位标记，以1cm缝份缝合，缝份向里子烫倒。

（2）画袋位：在袖窿下2cm处引出水平线，袋前端距挂面1cm，前后起翘1.5cm，袋口大14cm（图5-2-10）。

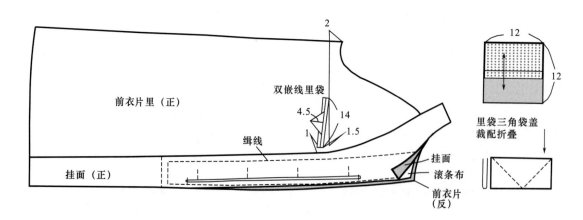

图5-2-10 缝制里袋

（3）制作嵌线袋：在左、右前片里料上各制作1个双嵌线里袋，嵌线宽为1cm（里袋具体缝制方法与男西装里袋相同）。

5. 缝制门襟止口

（1）缝合门襟止口：在前衣片上画出门襟止口净线，前衣片在上、挂面在下，正面相对先假缝，左衣片应将暗门襟里料一同假缝；然后从绱领点起针沿净线缝合至底边挂面。要求缉线顺直，起止点要倒回针固定［图5-2-11（a）］。

（2）整烫止口：先在领嘴处打上刀口，然后分烫缝份，再修剪缝份，前衣片留缝份0.4cm，挂面留缝份1cm。将止口翻出、抻平，熨烫平整［图5-2-11（b）］。

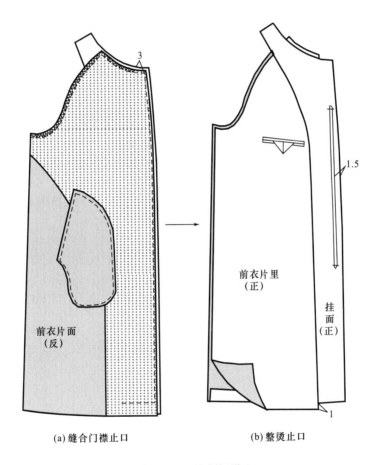

(a) 缝合门襟止口　　　　　　　　(b) 整烫止口

图5-2-11　缝制门襟止口

6. 缝制后身、背衩

（1）扣烫面料背衩：先整烫后中缝，右后衣片背衩沿黏合衬边将1cm缝份扣转熨烫［图5-2-12（a）］。

（2）缝合面料背缝、折烫底边：以2cm的缝份缝合背缝，要求缉线顺直，上、下层松紧一致；然后将缝份向左后衣片烫倒，顺势将背衩一并烫好，背衩应顺直、服帖；最后按线丁标记将后片折边烫好。背衩与折边的关系为左片先折底边、后折背衩，右片则先折背衩、后折底边。

（3）缉背衩明止口和后背缝明线：先在左后衣片背衩口以上2cm处起针，沿边向底边处缉压0.8cm明止口；然后将左后衣片背缝缝份修剪至0.4cm，在背缝左侧向上缉压0.8cm明线。明线应与左衩止口明线接顺，并交叠2cm；最后查看背缝是否服帖，以明线封背衩［图5-2-12（b）］。

（4）修剪左后衣片里料背衩并缝合后里料背缝：修剪左后衣片里料背衩，再将后衣片里料的背缝缝合，缝份向左后衣片烫倒［图5-2-12（c）］。

（5）缝合后领口贴边并假缝固定面、里料背缝和背衩：将后领口贴边按1cm缝份与后衣片里料正面相对缝合，注意后中缝的两边各留2cm暂时不缝，翻出后衣片里料整烫平服，再将后衣片面、里料反面相对，领口对齐，背缝对准，手针将面、里料假缝固定；然后将背衩里料与背衩面料假缝后待缲缝；最后使后衣片里料较底边净缝长出1cm，其余各处里料按面料毛缝修剪准确［图5-2-12（d）］。

7. 缝合侧缝、烫底边

（1）缝合面料侧缝：将前、后衣片正面相合，前衣片在下，后衣片在上，侧缝对齐，腰节线线丁对准，以1cm缝份缝合。要求缉线顺直，上、下层松紧一致。然后将缝份分开烫平。

（2）缝合里料侧缝：将里料侧缝以1cm缝份缝合，坐倒0.3cm缝份向后身烫倒。

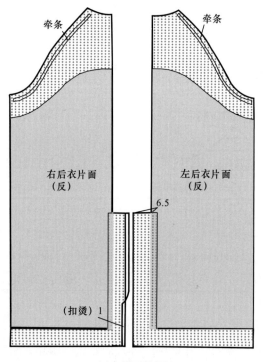

(a) 扣烫面料背衩

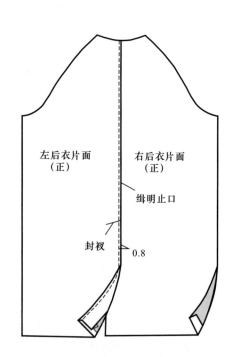

(b) 缉背衩明止口和后背缝明线

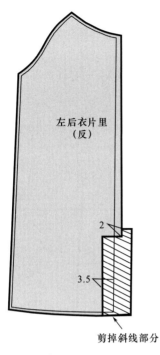

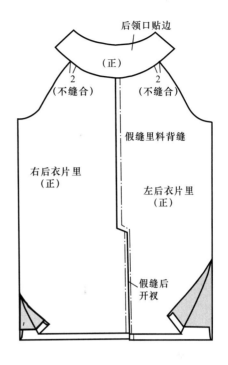

(c) 修剪左后衣片里料背衩并缝合后里料背缝　　　　(d) 缝合后领口贴边并假缝固定面、里料背缝和背衩

图5-2-12　缝制后身、背衩

（3）分别熨烫面、里料底边贴边：在面料上，按线丁标记将前、后衣片底边烫顺；在里料上，距底边1cm扣烫里料底边。

（4）缝合面、里料底边：将面、里料底边正面相对，以1cm缝份缝合；然后将底边缝份与面料衣身手针固定，线要松，不能缝穿面料。

（5）领口防变形处理：将面料的领口用倒钩针距边0.7cm缝一圈固定，或用斜丝牵条沿净样粘烫，以免领口变形。

8.　缝制袖子

（1）制作面料袖子：

①归拔袖片：先沿前插肩袖缝烫牵条，再将前袖袖底缝于袖肘处，适当拔开，后袖袖底缝于袖肘处，略为归拢［图5-2-13（a）］。

②缝制袖襻：在袖襻面反面烫黏合衬，再将袖襻面、里正面相对，沿边绱缝1cm，修剪后翻到正面，熨烫平整，最后正面绱缝0.8cm的明线［图5-2-13（b）］。

③缝合前、后袖片的袖肩缝：将前、后袖片正面相合，以1.2cm的缝份缝合袖肩缝。要求后肩缝上部吃进0.5cm，在距袖口净缝5~6cm（按袖襻线丁标记）处夹入袖襻一起绱住［图5-2-13（c）］。

④袖肩缝压明线固定：将缝份向后袖片烫倒，在后袖片正面压0.8cm明线固定［图5-2-13（d）］。

⑤在领口处烫牵条并缝合袖底缝：在袖片的领口处烫黏合牵条，然后缝合袖底缝，并在袖凳上将缝份分开烫平，再按线丁标记扣烫袖口折边，将袖口熨烫顺直［图5-2-13（e）］。

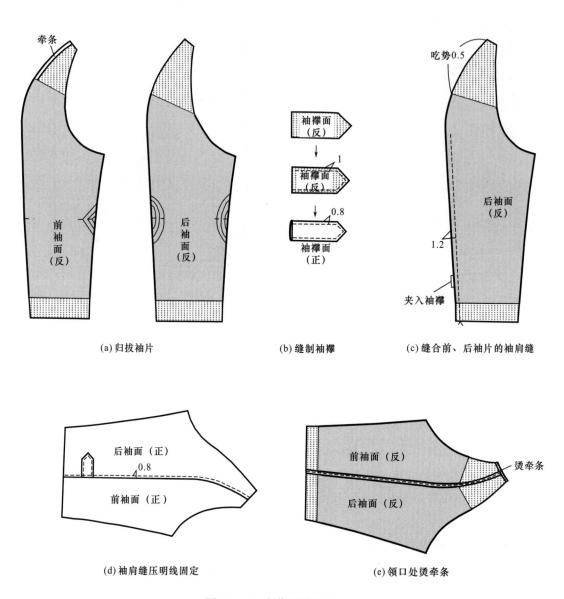

(a) 归拔袖片   (b) 缝制袖襻   (c) 缝合前、后袖片的袖肩缝

(d) 袖肩缝压明线固定   (e) 领口处烫牵条

图5-2-13　制作面料袖子

（2）制作里料袖子：将里料前、后袖片正面相对，依次缝合袖肩缝和袖底缝，然后将缝份向后袖片烫倒（图5-2-14）。

（3）缝合面、里料袖口并整理、熨烫：将袖片面、里料反面朝外，袖口相对，缝份对齐，车缝一周；然后用三角针将缝份与袖片面手针固定，手缝线松紧适宜，袖子正面不能有痕迹；再在距袖山弧线边10cm处手针假缝，将面、里料固定（图5-2-15）。

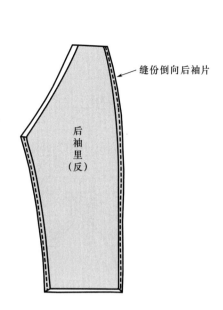

缝份倒向后袖片

后袖里（反）

图5-2-14　制作里料袖子

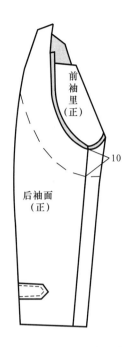

前袖里（正）

10

后袖面（正）

图5-2-15　缝合面、里料袖口并整理、熨烫

9.　绱袖子

（1）绱面料袖子：先绱左袖，将袖子面料与衣片正面相对，缝份对齐，绱袖刀口、袖底点与侧缝点对准，从前领口开始用手针假缝；再放到人台上细看袖底是否圆顺，吃势是否均匀，合格后再假缝另一只袖子，并观看两袖是否对称，满意后再绱缝。绱缝时要上、下松紧一致，绱线顺直［图5-2-16（a）］。

（2）绱袖线绱明线固定：将绱袖线的缝份向袖子一侧坐倒，烫平后，在袖子一侧绱0.8cm明线。前衣片绱明线应从前领口起针到胸宽点止（约17cm），后衣片绱明线从后领口起针到背宽点止（约18cm），胸宽点及背宽点收针处可不打倒回针，而是把线头引向反面打结［图5-2-16（b）］。

（3）绱里料袖子、装垫肩：采用绱面料袖子的方法将里料袖子绱到衣身里料上，然后将挂面肩缝与后领口贴边肩缝缝合并分缝烫平，以手针将垫肩与面料肩缝缝合固定，再把前、后袖里料上端尚未缝住的部分缝合。

10.　缝制领子

（1）按样板核对翻领和底领的缝份：如图5-2-17（a）所示核对翻领和底领的缝份。

（2）缝合领子：先分别缝合翻领和底领的面、里料，并将缝份分开烫平服后，在两侧绱缝0.1cm明线；然后将领面、领里正面相对合，领外口对齐，领角两侧拉紧领里，领面吃势0.3cm，按净线外0.1cm车缝领外口；再修剪领子缝份，将领子翻到正面，烫平领止口，要求领里坐进0.1cm，在领里一侧将领止口烫顺、烫薄，再翻到领面一侧，将领子烫平服，检查领子是否左右对称；最后在领外口绱缝0.8cm明止口［图5-2-17（b）］。

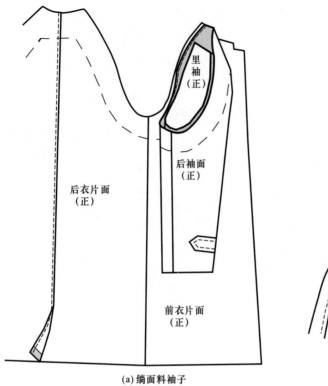

(a)绱面料袖子

(b)绱袖线缉明线固定

图5-2-16 绱袖子

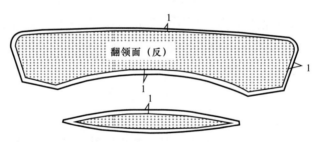

(a)按样板核对翻领和底领的缝份

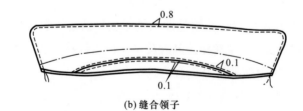

(b)缝合领子

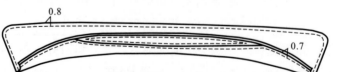

(c)修剪、整烫

图5-2-17 缝制领子

（3）修剪、整烫：按翻领线折转烫好领子，修齐底领下口，做好绱领对位标记；沿底领下口线缉缝0.7cm，将领面和领里一道缝住，以保持领子的翻转窝势［图5-2-17（c）］。

11. 绱领子

将衣身面、里翻到反面，使其正面相对，领口对齐，将缝制好的领子夹入其中（领里与衣身正面相对，领面与衣身里料正面相对），领后中点、肩缝刀口对准。将领子与衣身领口以0.7cm的缝份手针假缝，然后衣身里料在下，领子居中，衣身面料在上，以0.8~1cm的缝份"一把缉"将领子缝住。最后将整件大衣从背衩处翻出，绱领缝份向衣身坐倒，把领口熨烫平服（图5-2-18）。

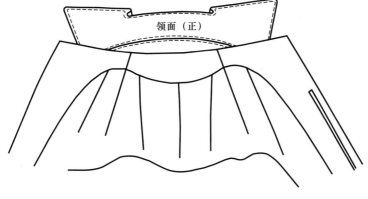

图5-2-18 绱领子

12. 缉门襟止口

先将门襟止口烫薄、烫顺直，再缉缝0.8cm止口。要求止口顺直，宽窄一致。

13. 锁眼、钉扣

（1）明扣眼：第一扣眼为明扣眼，锁在左片衣身正面，位于领口下2cm、距门襟止口向内2.5cm处，扣眼大2.7cm（图5-2-19）。

（2）暗扣眼：第二、三、四、五扣眼为暗扣眼，锁在左片挂面的暗门襟开口里侧，间距12cm，距暗门襟开口0.5cm，两扣眼间暗门襟开口用线缝住（图5-2-19）。

（3）袖襻扣眼：左、右袖襻各锁扣眼1个，扣眼距袖襻尖端1.5cm，高低居中。

（4）钉扣：左、右衣片门襟对齐，按照扣眼位在右衣片上画相应纽扣位，用缝线钉上纽扣。将袖襻拉挺，依扣眼位在后袖片相应位置钉上纽扣。

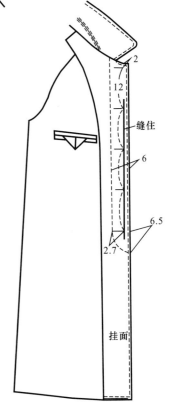

图5-2-19 锁眼

14. 缉暗门襟止口

将衣片正面向上，左前衣片放平，画出暗门襟止口粉印，止口宽6cm。先用手针将止口假缝固定，然后从领口开始沿粉印缉压暗门襟止口。为保证上、下层松紧一致，应用镊子推送上层或用硬纸板压着缉缝。

15. 整烫

（1）烫门、里襟：将大衣门襟、里襟放平，正面向上，用蒸汽熨斗将止口烫直、烫顺，趁热用烫木使劲压一下，使止口变薄、变挺。

（2）烫领子和领口：先将领子放平，在领面一侧用蒸汽熨斗将领止口熨烫平薄；然后按照翻领线将领子折转熨烫，并将领角烫出窝势，顺势在铁凳上将领口熨烫平服。

（3）烫背缝和背衩：将大衣后身放平，正面向上，背缝、背衩拉挺摆正，用蒸汽熨斗将背缝烫直，背衩烫顺、烫服帖。

（4）烫底边：将大衣底边正面向上放平摆顺，用蒸汽熨斗将底边烫顺、烫实，并将里料贴边里外匀烫好。

（5）烫袖子：在铁凳上将绱袖缝逐段熨烫平服，在袖凳上将连肩缝烫直、烫顺。

（6）烫口袋：将口袋正面向上放平，用蒸汽熨斗将其熨烫平服、端正。

七、缝制工艺质量要求与评分参考标准（总分100分）

（1）规格尺寸符合标准与要求（10分）。

（2）领子平挺，两领角左右对称，领翘适度，领外口不反吐，领面无起皱、起泡（20分）。

（3）两袖长短一致，左右对称，绱袖平服，缉明线止口顺直（15分）。

（4）门襟和里襟上口平直，止口缉线宽窄一致、无链形，左右对称，准确无歪斜。暗门襟开口处滚条宽窄一致、顺直（15分）。

（5）前衣身两个口袋左右对称、长短一致，缉明线止口顺直、平服，宽窄一致。里袋左右对称，嵌线宽窄一致、顺直，袋口两端平整，三角袋盖居中（15分）。

（6）后背部平服，背缝、背衩顺直，无弯曲现象（10分）。

（7）底边折边、袖口折边宽窄一致，袖襻左右对称（5分）。

（8）各部位熨烫平服，无亮光、烫迹、折痕，无油污、水渍，面、里无线丁、线头，锁眼位置准确，纽扣与扣眼位相对应，大小适宜，整齐牢固（10分）。

作业布置

按照具体的款式，选购合适的面辅料，在教师的指导下，按缝制质量要求完成大衣的缝制。

礼服制作工艺

课程名称： 礼服制作工艺

课程内容： 紧身胸衣制作工艺

半装袖旗袍制作工艺

上课时数： 36课时

教学目的： 使学生理论联系实际，帮助其提高动手实践能力，验证样板与工艺之间的配伍关系，为服装专业相关课程的学习提供帮助。

教学方法： 结合视频，采用理论教学与实际操作演示相结合的教学方法。要求学生有足够的课外时间进行操作训练，建议课内外课时比例达到1：1以上。

教学要求： 使学生了解胸衣和旗袍面辅料的选购要点，掌握各款式样板放缝要点、排料方法、缝制工艺流程及具体的缝制方法与技巧，掌握熨烫方法和缝制工艺质量要求等内容，并能做到触类旁通。

第六章　礼服制作工艺

第一节　紧身胸衣制作工艺

一、概述

1. 款式分析

这是一款经典的紧身胸衣，公主线分割可以塑造出前胸罩杯的丰满和腰线的纤细，在腰部分割线的缝份处插入10根鱼骨，在前胸罩杯处加入海绵胸垫以辅助造型，开口设计在后中，选用钩扣织带开口，可以完全打开胸衣，方便穿着。另外在胸线边缘装饰打褶网布，底边有花边装饰。此款紧身胸衣既可内穿又可外穿，适合搭配礼服，也可以作为保型胸衣搭配成衣，起到一定的修正体型的作用。款式如图6-1-1所示。

2. 面料选择

此款紧身胸衣面料可选用蕾丝、网布，里料可选用电力纺，另配蕾丝花边。若作为内衣，可根据外衣面料的材质和色调选择面料。若外穿，则考虑与下装的搭配选择面料。选用不同厚度、不同弹性的面料制作，适当调整尺寸，效果会完全不同。

(b) 背面图

(a) 着装图

图6-1-1　紧身胸衣款式图

3. 面、辅料参考用量

（1）面料：网布，幅宽144cm，用量约50cm；蕾丝，幅宽114cm，用量约20cm。

（2）里料：电力纺，幅宽114cm，用量约20cm。

（3）辅料：钩扣织带1副，1cm宽的绒面织带255cm，1cm宽的花边85cm，1cm宽的棉织带60cm，0.5cm的宽鱼骨240cm，胸垫1副，斜丝牵条2m。

4. 紧身胸衣平面图

紧身胸衣平面图如图6-1-2所示。

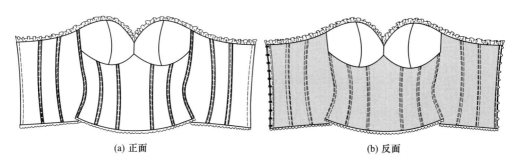

(a) 正面　　　　　　　　　　　　　　　(b) 反面

图6-1-2　紧身胸衣平面图

二、制图参考规格（不含缩率）

单位：cm

号/型	后中长	前中长	胸围（B）	腰围（W）	下摆围	罩杯前中长	罩杯侧缝长
160/84A	25.5	26	84	64	83	2	4.5

三、结构图

紧身胸衣的结构如图6-1-3所示。

四、放缝、排料图

紧身胸衣的放缝、排料图如图6-1-4、图6-1-5所示。

五、缝制工艺流程、缝制前准备

1. 缝制工艺流程

罩杯前中片、侧片蕾丝与网布定位 → 分别缝合罩杯蕾丝电力纺、网眼布的公主线、前中缝 → 分别缝合前、后片公主线 → 缝合罩杯与前片 → 缝合侧缝 → 胸线边缘处理 → 底边处理 → 绱钩扣织带 → 绱胸垫、缲缝罩杯里料 → 整烫

2. 缝制前准备

（1）在缝制前需选用与面料相应的针号和线，调整好底、面线的松紧度及针距密度。可换用细孔针板，以防车缝网布时跳针。

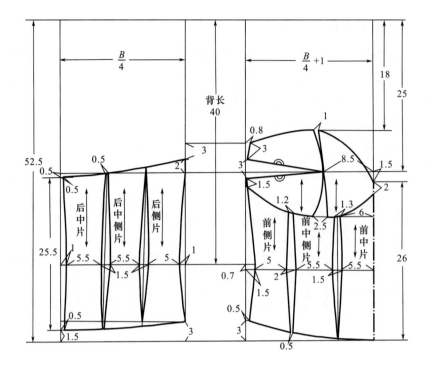

图6-1-3 紧身胸衣结构图

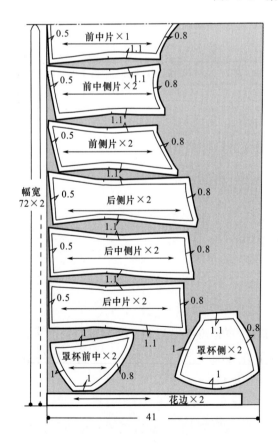

图6-1-4 紧身胸衣网布放缝、排料图

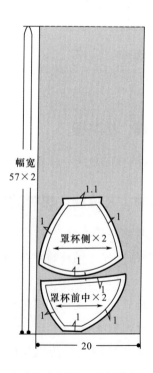

图6-1-5 紧身胸衣蕾丝、电力纺放缝、排料图

（2）面料针号：75/11号或65/9号。

（3）用线与针距密度：14~16针/3cm，面、底线均用配色涤纶线。

六、具体缝制工艺步骤及要求

1. 罩杯前中片、侧片蕾丝与网布定位

（1）烫牵条：先在罩杯前中片、侧片里料（电力纺）反面缝份边沿烫斜丝黏合牵条［图6-1-6（a）］。

（2）网布与蕾丝定位：分别将罩杯前中片、侧片网布正面与蕾丝反面相对合，沿裁片边线车缝0.5cm固定线［图6-1-6（b）］。

2. 分别缝合罩杯蕾丝、网布的公主线、前中缝

（1）缝合罩杯面料的公主线、前中缝：将罩杯前中片、侧片面料正面相对，对齐对位标记平缝，缝份为1cm，弧线处打斜向剪口，然后分缝熨烫。缝合前中缝时只缝合净线位置［图6-1-7（a）］。

（2）缝合罩杯里料的公主线、前中缝：将罩杯前中片、侧片里料正面相对，对齐对位标记平缝，缝份为1cm，弧线处打斜向剪口，公主线缝份倒向侧缝熨烫，前中缝分缝熨烫。注意缝合前中缝时只缝合净线位置［图6-1-7（b）］。

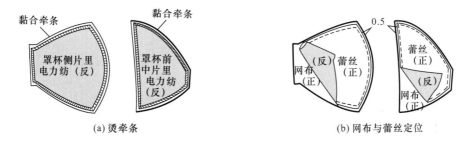

(a) 烫牵条　　　　　　　　　　(b) 网布与蕾丝定位

图6-1-6　罩杯前中片、侧片蕾丝与网布定位

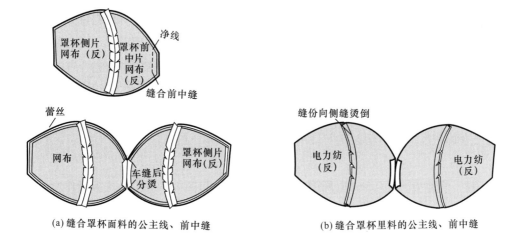

(a) 缝合罩杯面料的公主线、前中缝　　　　(b) 缝合罩杯里料的公主线、前中缝

图6-1-7　分别缝合罩杯蕾丝、网布的公主线、前中缝

3. 分别缝合前、后片公主线

（1）缝合前片公主线：分别缝合前中片与前中侧片、前中侧片与前侧片，对齐对位标记后平缝1.1cm，缝份留在正面，修剪缝份至0.8cm倒向前中烫平。

（2）缝合后片公主线：分别缝合后中片与后中侧片、后中侧片与后侧片，对齐对位标记后平缝1.1cm，缝份留在正面，修剪缝份至0.8cm倒向后中烫平［图6-1-8（a）］。

（3）绱鱼骨：将绒带正面向上压住拼缝缝份，两侧各缉0.1cm止口线，从而形成鱼骨通道。然后按各条拼缝净长量取0.5cm宽鱼骨，两端需用砂纸打磨光滑，插入各条鱼骨通道中［图6-1-8（b）］。

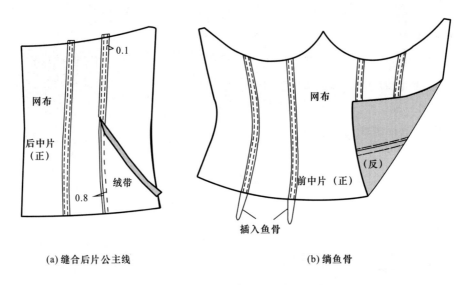

(a) 缝合后片公主线　　　　　　　　　　(b) 绱鱼骨

图6-1-8　分别缝合前、后片公主线

4. 缝合罩杯与前片

按对位标记缝合罩杯与前片，两者正面相对平缝1cm，缝份烫倒朝向罩杯（图6-1-9）。

5. 缝合侧缝

缝合前、后衣片的侧缝，反面相对平缝1.1cm，缝份修剪至0.8cm倒向前片烫平；将绒带正面向上压住侧缝缝份，两侧各缉0.1cm止口线，从而形成鱼骨通道。然后按侧缝净长量取0.5cm宽鱼骨，两端需用砂纸打磨光滑，插入鱼骨通道中（图6-1-10）。

6. 胸线边缘处理

（1）固定网布饰边：在胸线边缘将网布饰边与衣片正面相对，距边0.5cm车缝，车缝时要将网布饰边按设计的褶量均匀打褶［图6-1-11（a）］。

（2）胸衣上口弧线处理：将罩杯里料（电力纺）与面料（蕾丝）正面相对，距边0.8cm车缝，修剪缝份至0.5cm后翻烫。而后片胸衣上口弧线要用1cm宽织带作光，将织带沿净线压缝0.1cm止口线［图6-1-11（b）］。

（3）整理、修剪胸线饰边：最后整理网布饰边，将其熨烫平整，并修剪饰边，使之宽窄均匀［图6-1-11（c）］。

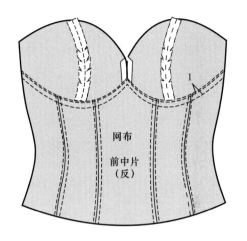

图6-1-9 缝合罩杯与前片

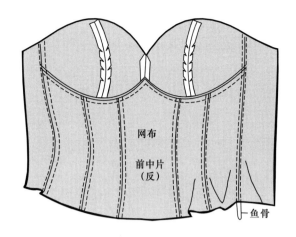

图6-1-10 缝合侧缝

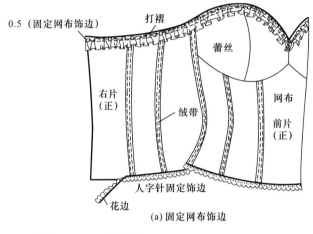

(a)固定网布饰边

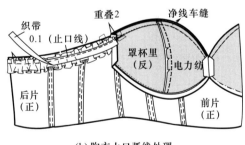

(b)胸衣上口弧线处理

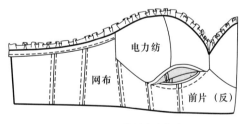

(c)整理、修剪胸线饰边

图6-1-11 胸线边缘处理

7. 底边处理

将花边压在胸衣底边上,用人字针车缝固定。

8. 缔钩扣织带

(1)钩扣织带的处理:按后中长量取一条钩扣织带(留出上、下缝份),换用单边压脚,分别将织带与左、右衣片正面相对平缝0.8cm,再向衣片里侧折烫织带,织带上、下两端要按衣片长度修剪折烫,然后在反面缉1cm明线〔图6-1-12(a)〕。

（2）缲缝：最后将织带上、下两端开口处用暗针缲缝［图6-1-12（b）］。

9. 绱胸垫、缲缝罩杯里料

（1）绱胸垫：先在左、右胸垫的三个点上各缝一根长约3~4cm的织带，然后将织带的另一端与胸衣缝份车缝固定［图6-1-13（a）］。

（2）缲缝罩杯里料：采用10针/3cm的暗缲针法手针固定胸衣罩杯里料的下端［图6-1-13（b）］。

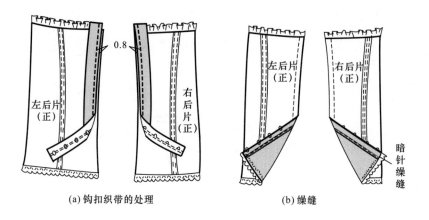

(a) 钩扣织带的处理　　　　　　(b) 缲缝

图6-1-12　绱钩扣织带

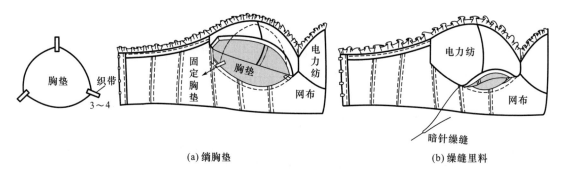

(a) 绱胸垫　　　　　　　　(b) 缲缝里料

图6-1-13　绱胸垫、缲缝罩杯里料

10. 整烫

清除所有假缝线和线头。熨烫胸衣罩杯部分时垫入布馒头或烫凳，按胸部造型压烫，再按顺序烫各条公主线、侧缝、后中缝和胸线、底边，要求熨烫平服。注意网布饰边的褶裥不要烫死，喷蒸汽定型即可。

七、缝制工艺质量要求及评分参考标准（总分100分）

（1）罩杯拼缝平顺，外形圆顺对称（15分）。

（2）胸衣上口弧线造型自然，装饰花边宽窄一致，褶裥均匀，松紧适宜（15分）。

（3）前、后衣片的各拼缝缝份均匀，插入鱼骨后平服（15分）。

（4）后中钩扣织带绱好后密合，无褶皱、脱线、漏针等情况（15分）。

（5）底边花边绱好后松紧一致，边端不露毛头（10分）。

（6）线迹平整，无跳线、浮线，线头修剪干净（10分）。

（7）规格尺寸符合设计要求（10分）。

（8）成衣整洁，各部位熨烫平整（10分）。

第二节　半装袖旗袍制作工艺

一、概述

1. 款式分析

旗袍是具有浓郁民族特色、体现中华民族传统艺术、在国际上独树一帜的中国妇女代表服装。该款特点为立领、半装袖、右偏装饰开襟，后背缝装隐形拉链。前片收腋下省、腰省，后片收腰省，两侧开衩。领子上口弧线、开襟弧线、开衩、底边、袖口等处均采用镶色嵌线加滚边。领口和偏襟钉镶色葡萄纽3副。款式如图6-2-1所示。

2. 面料选择

一般采用真丝、织锦缎、纯棉类面料，也可选择变化多样的混纺及化纤面料。

3. 面、辅料参考用量

（1）面料：幅宽110cm，用量约110cm。用料估算公式为：衣长＋10cm。

（2）辅料：无纺黏合衬50cm，隐形拉链1条，葡萄纽3副，滚边斜条400cm，嵌线400cm，揿扣2副，配色线2种。

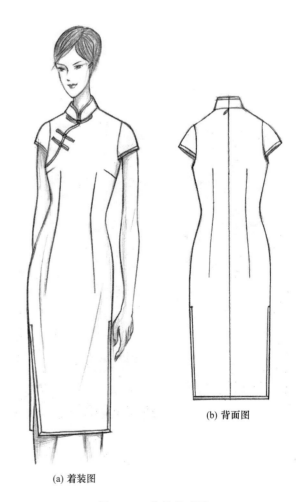

(a) 着装图

(b) 背面图

图6-2-1　旗袍款式图

二、制图参考规格（不含缩率）

单位：cm

号/型	前衣长	背长	肩宽（S）	胸围（B）（放松量为6cm）	腰围（W）（放松量为6cm）	臀围（H）（放松量为4cm）	领围（N）	袖长	袖口
155/76A			35	76+6=82	66	86	35.4		19
155/80A	97	36	36	80+6=86	69	90	36.2	8.5	19.5
155/84A			37	84+6=90	72	94	37		20
160/80A			36	80+6=86	69	90	36.2		19.5
160/84A	100	37	37	84+6=90	72	94	37	8.5	20
160/88A			38	88+6=94	75	98	37.8		20.5
165/80A			36	80+6=86	69	90	36.2		19.5
165/84A	103	38	37	84+6=90	72	94	37	8.5	20
165/88A			38	88+6=94	75	98	37.8		20.5

三、结构图

旗袍的结构图如图6-2-2所示。

四、放缝、排料图

旗袍的放缝、排料图如图6-2-3所示。

五、缝制工艺流程、缝制前准备

1. 缝制工艺流程

收省、烫省 → 归拔衣片 → 滚边布、纽条布、嵌线布的裁剪与制作 → 车缝斜襟装饰条 → 烫粘牵条、三线包缝 → 缝合背缝并分烫 → 绱拉链 → 开衩、底边滚边 → 缝合肩缝、侧缝 → 开衩、底边缉漏落缝 → 做领、绱领 → 做袖、绱袖 → 做纽条、制作葡萄纽 → 手工缝制 → 整烫

2. 缝制前准备

（1）在缝制前需选用与面料相应的针号和线，并调整好面、底线的松紧度及针距密度。针号：75/11~80/12号，针距密度：明线14~16针/3cm，暗线13~15针/3cm；底、面线均用配色涤纶线。

（2）做标记：按样板在前后片省位、臀围线、腰节线、开衩止点、腋下省、绱领点、后领中缝、袖山顶点、前后绱袖点等处打剪口做记号。要求剪口深不超过0.3cm，并注意上、下两层衣片要完全吻合。

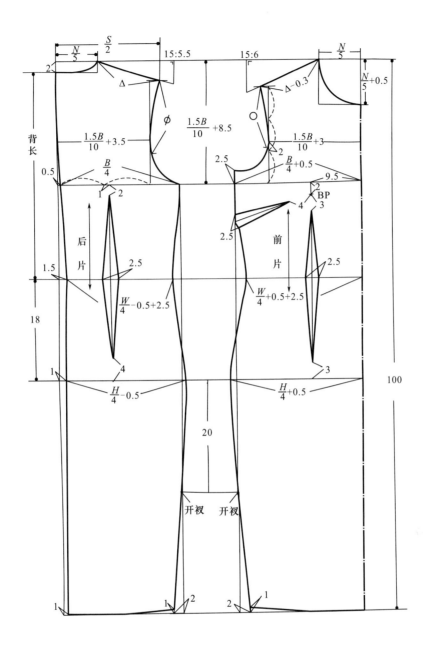

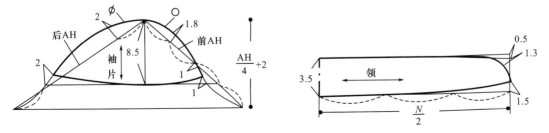

图6-2-2 旗袍结构图

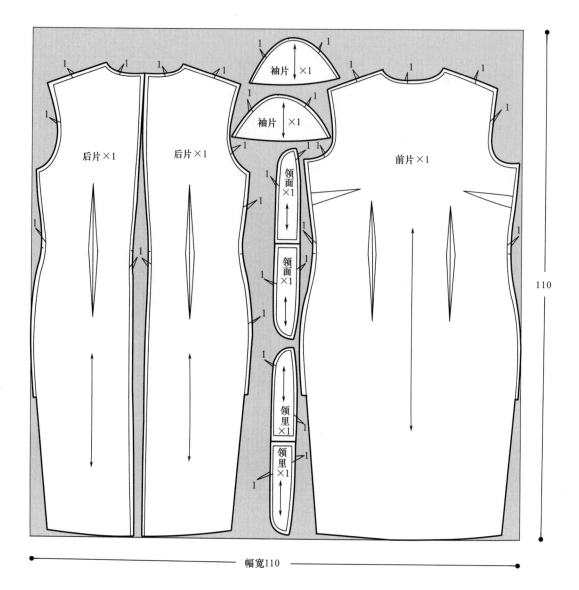

图6-2-3　旗袍放缝、排料图

（3）粘衬部位：在领面、领里的反面分别烫上无纺黏合衬（图6-2-4）。

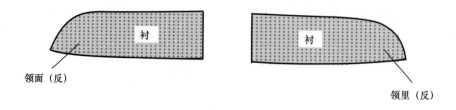

图6-2-4　领面、领里烫无纺黏合衬

六、具体缝制工艺步骤及要求

1. 收省、烫省

（1）收省：按省道剪口及省道线车缝腋下省、前腰省、后腰省。要求：缝线顺直，省尖要缝尖，不打回针，留10cm左右线头，打结处理［图6-2-5（a）］。

（2）烫省：前片腋下省向上烫倒。前、后腰省分别向前、后衣片的中心线方向烫倒。熨烫时腰节线部位要拔开，使省缝平服、不起吊。要求省尖部位的胖势要烫散，不可有细褶出现［图6-2-5（b）］。

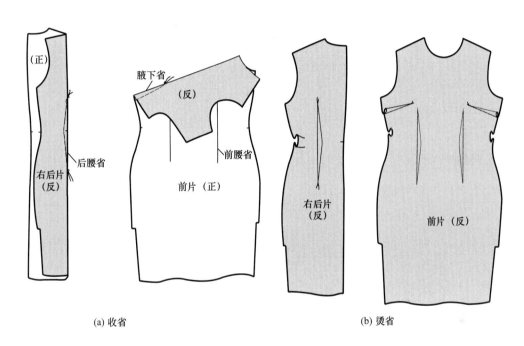

(a) 收省　　　　　　　　　　　　　　(b) 烫省

图6-2-5　收省、烫省

2. 归拔衣片

（1）归拔前衣片：

①将前衣片按前中心线正面相对折叠，用熨斗拔开侧缝腰节部位，同时在侧缝臀围处归拢，使衣片符合人体。

②胸部在烫省后的基础上垫上布馒头进行熨烫，以烫出胸部胖势。

③对于腹部突出的体型，需在腹部区域拔出一定的弧度［图6-2-6（a）］。

（2）归拔后衣片：

①两后片正面相对，用熨斗拔开侧缝腰节部位，同时在侧缝臀围处归拢，使衣片符合人体。

②同样在背中线腰节部位拔开熨烫，并配合体型要求，拔出臀部曲线［图6-2-6（b）］。

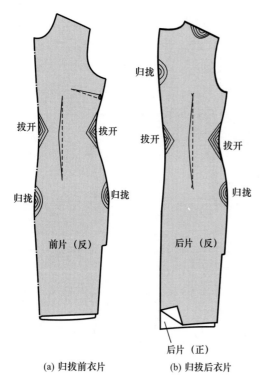

(a) 归拔前衣片   (b) 归拔后衣片

图6-2-6 归拔衣片

3. 滚边布、纽条布、嵌线布的裁剪与制作

（1）准备滚边布、纽条布：滚边布、纽条布选用较柔软、轻薄、富有光泽的单色面料。一般采用镶色料，取45°斜丝，裁剪前在其反面通常要进行刮浆或烫黏合衬处理，以防变形。滚边布宽为3cm左右，纽条布宽为2cm左右。一件普通的旗袍大约需要滚边布、纽条布各200cm左右。另外，还需要准备嵌线布、嵌线，长度各400cm左右。一般不允许拼接，如无法避免，应以直丝拼接（图6-2-7）。

（2）嵌线、滚边布的制作：将嵌线布正面向外对折熨烫，居中夹入一根嵌线。然后与滚边布正面相对，并相互平叠，用单边压脚将嵌线布、滚边布一起以0.8cm的缝份车缝固定，再将嵌线布、滚边布熨烫平整，要求嵌线条净宽0.2cm（图6-2-8）。

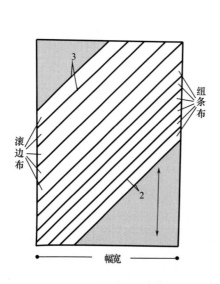

图6-2-7 准备滚边布、纽条布

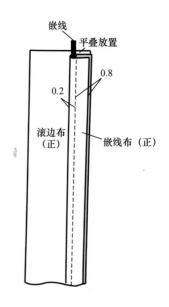

图6-2-8 嵌线、滚边布的制作

4. 车缝斜襟装饰条

在前衣片上沿假门襟装饰线位置，将做好的嵌线、滚边布与衣片正面相对车缝［图6-2-9（a）］。修剪缝份，翻转嵌线、滚边，在嵌线正面、滚边中间车漏落缝固定斜襟装饰条。要求嵌线条净宽0.2cm，滚边条正面净宽0.6cm［图6-2-9（b）］。

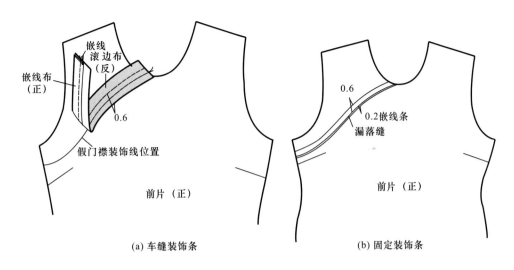

(a) 车缝装饰条　　　　　(b) 固定装饰条

图6-2-9　车缝斜襟装饰条

5. 烫黏合牵条、三线包缝

将旗袍小肩缝、侧缝、背缝的缝份处分别烫上1.5cm宽的无纺黏合牵条。然后用配色线三线包缝（图6-2-10）。

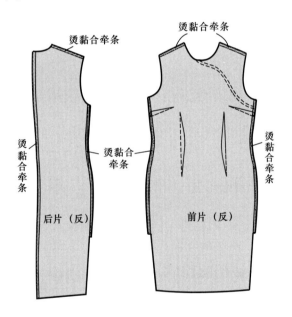

图6-2-10　烫黏合牵条、三线包缝

6. 缝合背缝并分烫

将两后片正面相对，从拉链止点起按缝份1cm车缝至底边，然后将缝份分开烫平，并延伸烫至后领口（图6-2-11）。

7. 绱拉链

打开隐形拉链，拉链在上，后衣片在下，正面相对，用隐形拉链压脚或单边压脚，沿背缝净线和拉链牙边车缝固定。要求拉上拉链，拉链不外露，衣片平服，高低一致。最后将拉链布带和缝份用0.5cm车缝固定（图6-2-12）。

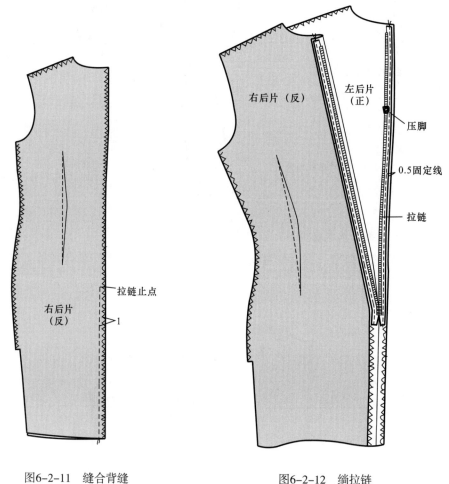

图6-2-11　缝合背缝　　　　　　　　图6-2-12　绱拉链

8. 开衩、底边滚边

（1）将做好的嵌线、滚边布与前衣片正面相对，从前侧缝开衩止点2.5cm开始起针，按衣片净线向内0.6cm缝合，经底边至另一边侧缝开衩上2.5cm止，见［图6-2-13（a）］。后衣片做法同前衣片。

（2）折烫嵌线、滚边布［图6-2-13（b）］衣片正面在上，将嵌线、滚边布折向正面熨烫。起、止两端缝份向反面折烫45°角。下摆两转角要折叠对称。

9. 缝合肩缝、侧缝

（1）缝合肩缝：前衣片在上、后衣片在下，正面相对，对齐前、后小肩缝车缝1cm缝份。缝合时要求后小肩缝略有吃势，缝合后缝份分开烫平。

（2）缝合侧缝：前衣片在上、后衣片在下，正面相对，将前、后侧缝对齐车缝1cm缝份。缝合时要对准前、后衣片的各对位点，即腰节线、臀围线、开衩止点（图6-2-14）。

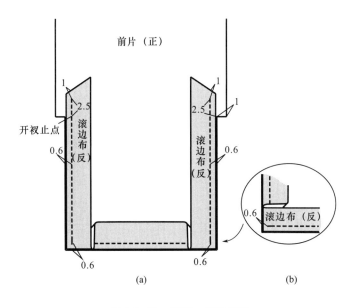

图6-2-13 开衩、底边滚边

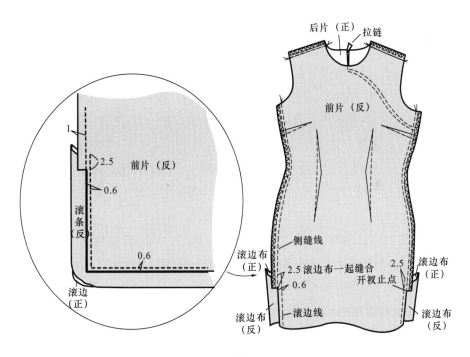

图6-2-14 缝合肩缝、侧缝

注意在车缝至开衩止点上2.5cm处，需把嵌线、滚边布一起缝住，然后侧缝分开烫平。要求：两侧缝开衩处嵌线、滚条对称，高低一致。

10. 开衩、底边缉漏落缝

修剪前、后衣片开衩、底边处的嵌线、滚边布缝份，翻转、翻足，特别是底边转角处要方正。然后在衣片反面扣烫滚边布净宽0.7cm，再在衣片正面嵌线与滚边之间缉漏落缝，同时反面车缝滚边布0.1cm。要求嵌线净宽0.2cm，滚边正面净宽0.6cm（图6-2-15）。

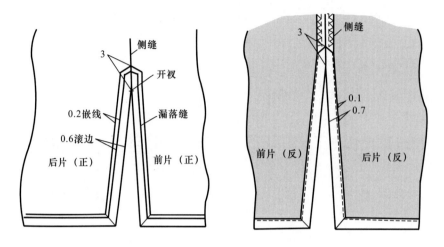

图6-2-15　开衩、底边缉漏落缝

11. 做领、绱领

（1）画净样、修剪：领子分左右两片。先将烫上无纺黏合衬的领面画出净样，然后修剪缝份，上口为净样，后中缝及下口留1cm缝份，同时定出绱领对位标记［图6-2-16（a）］。

（2）滚边：将做好的嵌线、滚边布与领面正面相对，在领上口净样线向内0.6cm处车缝，缝至后领中缝净线止。注意两圆头处嵌线、滚边布松紧适宜，左右对称［图6-2-16（b）］。

（3）绱领：将领面、领里正面相对，按净线缝合领后中缝。绱领时领面在上、领里在下，正面相对，同时将衣片正面朝上置于其中间，并对准绱领对位标记三层一起车缝，缝份为1cm。注意领子前端要绱足，领子后中线与背中线要并齐。要求左右领对称，衣身平服［图6-2-16（c）］

（4）固定领上口：翻转领里、领面至正面并烫平，领上口按领面净样校对并修准领里，然后沿领上口净样线向内0.5cm车缝固定领上口［图6-2-16（d）］。

（5）领上口缉漏落缝：修剪领上口嵌线、滚边布缝份，翻转、翻足，领子前后两端均要折叠方正。要求嵌线净宽0.2cm，滚边正面净宽0.6cm，背面折光扣烫净宽0.7cm，然后在领面正面的嵌线与滚边中间车漏落缝，同时在背面车住滚边布0.1cm［图6-2-16（e）］。

12. 做袖、绱袖

（1）袖口滚边：将做好的嵌线、滚边布和袖口正面相对，沿袖口净样线向内0.6cm车缝。修剪嵌线、滚边布缝份，翻转、翻足，要求嵌线净宽0.2cm，滚边正面净宽0.6cm，背面折光净宽0.7cm，然后在正面嵌线与滚边中间车漏落缝，同时在背面车住滚边布0.1cm。要求：两袖口嵌线、滚边布松紧适宜，左右对称［图6-2-17（a）］。

（2）抽吃势：用较长针距沿袖山弧线向内0.8cm车缝抽吃势，起止点留线头，无须打回针。然后抽缩袖山弧线，并核对袖山弧线与衣片袖窿弧线的长度，要求袖山头斜丝部位

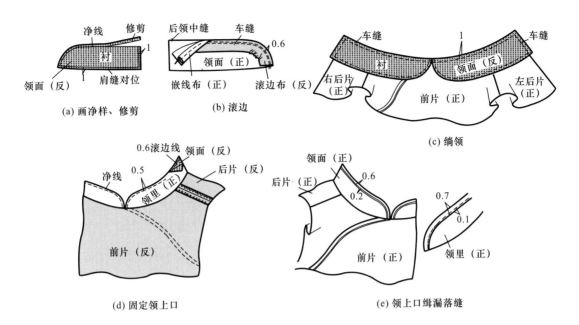

图6-2-16 做领、绱领

吃势稍多一些，中间横丝部位可少一些［图6-2-17（b）］。

（3）绱袖：袖片在上、衣片在下，正面相对，对准前、后绱袖点及袖山顶点，按1cm缝份车缝。要求袖山圆顺，左右对称［图6-2-17（c）］。

（4）滚袖窿：采用滚袖窿条的方法包光袖窿，具体做法是：先根据袖窿弧长尺寸拼接滚条布。滚条布反面向上，并置于衣片正面袖窿缝份上，从腋下侧缝处起针，沿绱袖线车缝一周，要求滚条布拼接处对准腋下侧缝，然后修剪缝份留0.5cm，翻折袖窿条，包住缝份，正面净宽0.6cm，背面折光净宽0.7cm，最后沿袖窿条边车缝0.1cm，同时在背面车住滚条布0.1cm。要求滚条的车缝线圆顺，宽窄一致，两袖对称［图6-2-17（d）］。

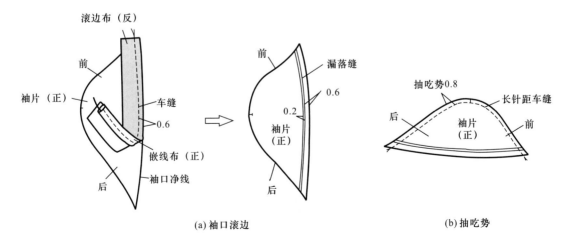

图6-2-17

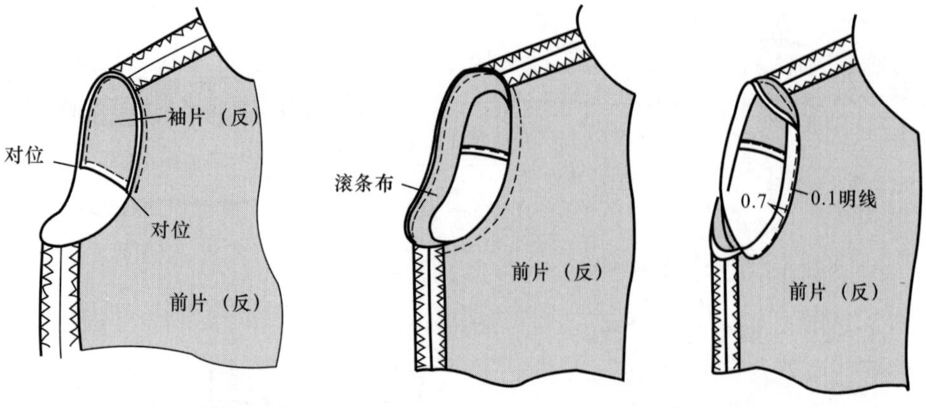

(c) 绱袖 (d) 滚袖窿

图6-2-17 做袖、绱袖

13. **做纽条、制作葡萄纽**

（1）本款旗袍的纽条采用两种镶色面料组成，即与斜襟装饰条相一致。纽条布的裁剪（参见图6-2-7）应用45° 正斜料，宽约2cm、长约30cm，即为一对直脚葡萄纽的长度。注意纽条的长度、宽度可以根据面料的厚薄程度略有增减。

（2）纽条的缝制方法：首先按照图6-2-7、图6-2-8所示方法，缝制纽条布和嵌线。然后扣烫纽条，正面净宽0.4cm，背面折光净宽0.5cm，并在背面用缲针固定。要求纽条结实且粗细均匀。最后按步骤把纽条盘成纽结［图6-2-18（a）］。

（3）制作葡萄纽：以距纽条一端10cm左右为起点开始盘制，盘制时，在纽条中间位置穿一根细绳，以确定纽头中心，即成型后纽头鼓出的中心点。为使纽头盘得坚硬、均匀，可用镊子帮助逐步盘紧［图6-2-18（b）］。

14. **手工缝制**

（1）钉纽头、纽襻：把盘好的纽头、纽襻的两脚修齐，纽脚的长短可按个人喜爱而定，纽头一般长4cm左右，纽襻一般长4.5cm左右。根据图示把两根纽脚并拢缝住，再把纽脚的尾部反钉在衣襟上，然后折转纽脚，用手针细密缝牢。按照习惯，纽头一端是钉在大

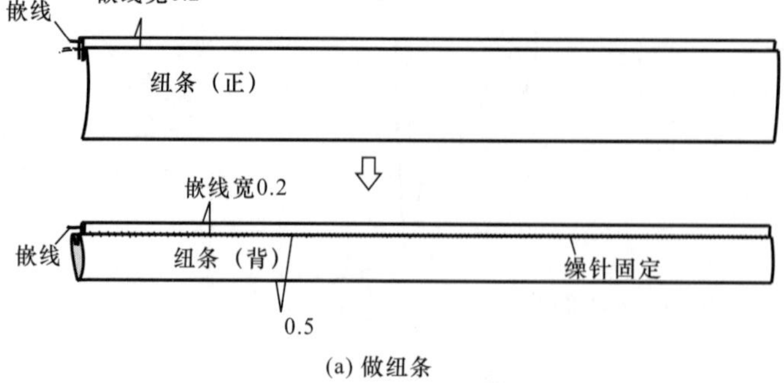

(a) 做纽条

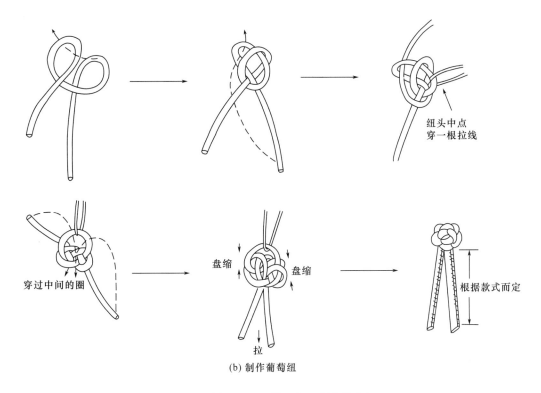

（b）制作葡萄纽

图6-2-18　做纽条、制作葡萄纽

襟上的，纽襻一端是钉在小襟上的［图6-2-19（a）］。

（2）打套结：在两侧缝开衩处手工打套结。

（3）钉风纪扣：于后领钉两副风纪扣［图6-2-19（b）］。

15. **整烫**

整件旗袍缝制完毕，先修剪线头、清除污渍，再用蒸汽熨斗进行熨烫，步骤如下：

（1）领子：领里在上，沿领止口将领子熨烫平服。要求领面、领里有窝势，不

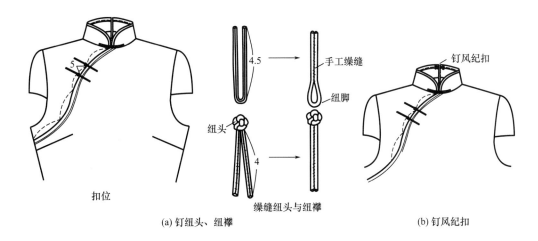

（a）钉纽头、纽襻　　　　　　　　　　（b）钉风纪扣

图6-2-19　手工缝制

反翘。

（2）袖子：将袖子放在铁凳上，沿袖口边将袖口嵌线、滚边及袖子熨烫平整，然后沿袖窿一周烫平袖窿滚条。

（3）烫大身：衣片反面在上，从左后片起，经前衣片至右后片；自上而下即指肩部、侧缝、开衩、底边的顺序，将衣身熨烫平整，然后扣上纽扣，挂装成型。

（4）熨烫时应根据面料性能合理选择温度、湿度、时间、压力等条件。特别是表面起绒或有光泽的面料，不能直接在正面熨烫，只能干烫，以免产生倒毛或极光。

七、缝制工艺质量要求及评分参考标准（总分100分）

（1）规格尺寸符合要求（10分）。

（2）各部位缝制线路整齐、牢固、平服，针距密度一致（10分）。

（3）上、下线松紧适宜，平整、无跳线、断线，起落针处有回针（10分）。

（4）立领造型美观，左、右圆角对称，圆顺平服（15分）。

（5）滚边饱满，宽窄一致，无链形（10分）。

（6）袖子左右、前后一致，吃势均匀、圆顺（10分）。

（7）穿着时开衩平服，左右对称（10分）。

（8）背缝隐形拉链不露牙，缉线顺直无链形（10分）。

（9）成衣整洁，各部位整烫平服，无水迹、烫黄、烫焦、极光等现象（15分）。

作业布置

按照具体的款式，选购合适的面辅料，在教师的指导下，按缝制质量要求完成礼服和大衣的缝制。